EUROPA-FACHBUCHREIHE
für Metallberufe

Technisches Zeichnen
Technische Kommunikation

Fachbildung Metall

10. überarbeitete Auflage

Bearbeiter des Zeichenlehrgangs:

Schellmann, Bernhard   Kißlegg
Stephan, Andreas   Marktoberdorf

Lektorat: Bernhard Schellmann, Kißlegg
Bildbearbeitung: Grafische Produktionen Jürgen Neumann, 97222 Rimpar

Vorwort

Die Arbeitsblätter Fachbildung Metall sind für die gesamte Fachstufe der technischen Zeichner und für die Lernfelder 5-15 der metalltechnischen Berufe konzipiert worden. Sie beinhalten Aufgabenstellungen, um ein Verständnis für komplexe technische Sachverhalte aufzubauen und in der Folge zu festigen. In der **10. Auflage** wurden Fehler berichtigt und die Rauwerte in einigen Einzelteilzeichnungen auf die in der Praxis gebräuchlichen Rz-Werte umgestellt. Die Basis wurde mit den Arbeitsblättern Grundbildung Metall (Europa-Nr. 12911) gelegt und schließt in diesem Band mit Prüfungseinheiten nach der neuen Prüfungsordnung für die Metallberufe nach den Lernfeldern. Natürlich können sich auch alle anderen Auszubildenden in Berufen ohne Lernfelder sowie Meisterschüler und all diejenigen, die sich in Weiterbildungsmaßnahmen befinden, mit den Prüfungseinheiten auf zeichentechnische Prüfungen optimal vorbereiten.
Ergänzt wird der Zeichenlehrgang durch den Theorieband „Grund- und Fachbildung Metalltechnik" (Europa-Nr. 12814) des Verlags.
Danken wollen wir den Firmen, die uns durch praktische Beispiele bei der Umsetzung des Lehrgangs unterstützt haben.

Kißlegg, Sommer 2015   Die Autoren

Europa-Nr. 13519   VERLAG EUROPA-LEHRMITTEL · Nourney, Vollmer GmbH & Co. KG
ISBN 978-3-8085-1360-6   Düsselberger Straße 23 · 42781 Haan-Gruiten

10. Auflage 2015
Druck 5 4 3 2
Alle Drucke derselben Auflage sind parallel einsetzbar, da sie bis auf die Behebung von Druckfehlern untereinander unverändert sind.

Alle Rechte vorbehalten. Das Werk ist urheberrechtlich geschützt. Jeder Verwertung außerhalb der gesetzlich geregelten Fälle muss vom Verlag schriftlich genehmigt werden.

© 2015 by Verlag Europa-Lehrmittel, Nourney, Vollmer GmbH & Co. KG, 42781 Haan-Gruiten
http://www.europa-lehrmittel.de

Umschlag: Grafische Produktionen Jürgen Neumann, 97222 Rimpar
Umschlagfoto: Wilhelm Vogel GmbH, Oberboihingen, www.vogel-online.de
Satz: Grafische Produktionen Jürgen Neumann, 97222 Rimpar
Druck: M.P. Media-Print Informationstechnologie GmbH, 33100 Paderborn

Inhaltsverzeichnis:

	Lernfeldzuordnung			
	Industrie- mechaniker	Zerspanungs- mechaniker	Feinwerk- mechaniker	
Kap. 1 Laufrolle	LF 5	LF 9	LF 5	**Blatt**
Gesamtzeichnung				1
Aufgaben				2
Kap. 2 Zentrierspitze	LF 5	LF 5	LF 5	
Gesamtzeichnung				6
Aufgaben				7
Kap. 3 Rohrabzweig	LF 10	-	LF 14a	
Aufgaben				16
Kap. 4 Gabelkopf	LF 7	LF 3	LF 7	
Aufgaben				19
Kap. 5 Kabelkanal	LF 8	LF 8	LF 6	
Gesamtzeichnung				22
Aufgaben				23
Kap. 6 Bohrvorrichtung	LF 8	LF 8	LF 6	
Gesamtzeichnung, Stückliste				27
Einzelteile				28
Aufgaben				29
Kap. 7 Spannwerkzeug	LF 7	LF 5	LF 7	
Gesamtzeichnung, Stückliste				43
Aufgaben				44
Kap. 8 Kniehebelpresse	LF 9	LF 6	LF 13	
Gesamtzeichnung, Raumbilder				53
Explosionsdarstellung				54
Stückliste, Aufgaben				55
Kap. 9 Schaltungsunterlagen	LF 6	LF 7	LF 8	
Aufgaben				62
Kap. 10 Schneckengetriebe, Prüfungseinheit	LF 10	LF 5	LF 7	
Übersicht, Stückliste				68
Gesamtzeichnung				69
Auftrags- und Funktionsanalyse				70
Fertigungstechnik				73
Kap. 11 Kegel-Stirnrädergetriebe, Prüfungseinheit	LF 10	LF 5	LF 7	
Übersicht, Stückliste				77
Gesamtzeichnung				78
Auftrags- und Funktionsanalyse				79
Fertigungstechnik				83
Tabellenanhang				87
Zeichenblätter, Hoch- und Querformat				89

1 Laufrolle
Aufgaben 2 bis 4

2 Maßangaben
Bestimmen Sie die fehlenden Nennmaße in der Baugruppenzeichnung. Tragen Sie die fehlenden Maße in die gekennzeichneten Felder ein.

Hinweis: Die nachfolgend eingetragenen Kontrollmaße werden für die Fertigungs- und Arbeitsplanung benötigt. Die Zeichnung auf Blatt 1 und 2 sind nicht maßstäblich.

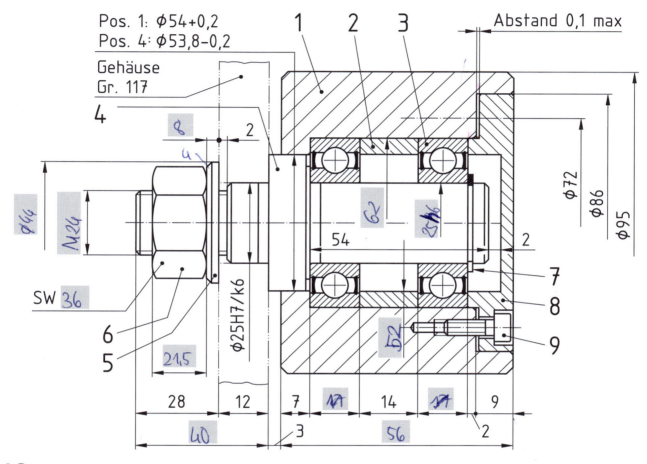

3 Passungen
Wie groß sind das Höchst- und Mindestspiel an der Spaltdichtung von Pos. 1 und Pos. 4?

4 Technologie, Normteile
a) Welche Aufgaben hat Pos. 7?
b) Für welche Ringe der Wälzlager ist nach DIN 5425 ein fester Sitz erforderlich, für welche Ringe ist ein loser Sitz zulässig? Begründen Sie Ihre Antwort.
c) Welche Informationen können Sie den Normkurzbezeichnungen der Pos. 5, 6 und 7 entnehmen?

a)

b)

c)

Blatt 2

1 Laufrolle
Aufgabe 5

5 Angaben in Zeichnungen
Übertragen Sie aus der Baugruppenzeichnung Blatt 2 die Nennmaße und bestimmen Sie die zur Fertigung notwendigen Angaben.
Tragen Sie zunächst die folgenden Angaben in die verkleinert dargestellte Teilzeichnung ein. Danach ist die Zeichnung als Vollschnitt fertigzustellen.

Allgemeintoleranzen:	Für Längen- und Winkelmaße DIN ISO 2768-1, Toleranzklasse mittel; für Form- und Lagetoleranzen DIN ISO 2768-2, Toleranzklasse K
Außendurchmesser:	Oberes Abmaß +0,1 mm, unteres Abmaß –0,1 mm
Innendurchmesser:	Bohrung für Pos. 4 nach Angabe in der Baugruppenzeichnung Ausdrehung für Pos. 3 und 2 mit Toleranzlage nach DIN 5425 (mittlere Belastung) und Toleranzgrad 7. Ausdrehung für Pos. 8 mit Toleranzklasse H11.
Lochkreis:	Oberes Abmaß +0,1 mm, unteres Abmaß –0,1 mm
Längen- und Tiefenmaße:	Gesamtlänge nach Baugruppenzeichnung Ausdrehtiefe für Pos. 8 mit oberem Abmaß von 0,1 mm und unterem Abmaß 0; Tiefe der Aufnahmebohrung für Wälzlager von Anlage Pos. 8 bis Anlage Pos. 1 mit Abmaßen von +0,1 mm und –0,1 mm; Gewindetiefe 15 mm; Grundlochtiefe 20 mm
Lagetoleranzen:	Bezugselement ist die Achse der Wälzlager-Aufnahmebohrung. Zu ihr muss der Außendurchmesser innerhalb einer Toleranz von 0,05 mm radial rundlaufen; die Anlagefläche des Wälzlagers muss innerhalb einer Toleranz von 0,04 mm axial rundlaufen.
Oberflächenangaben:	Wälzlager-Aufnahmebohrung geschliffen mit R_z-Obergrenze 6,3 µm, Schleifzugabe 0,3 mm; alle übrigen Flächen spanend hergestellt mit R_z-Obergrenze 25 µm
Freistich:	Der Eintrag für Form E nach DIN 509 ist in sinnbildlicher Darstellung vorzunehmen
Fasen:	Außendurchmesser beidseits 1,6 × 45° Ausdrehung für Pos. 8 und Wälzlagerbohrung jeweils außen 0,5 × 45°
Werkstückkanten:	Werkstück-Außenkanten sind mit mindestens 0,1 mm und höchstens 0,3 mm gefast oder gerundet
Wärmebehandlung:	Lauffläche randschichtgehärtet und angelassen; Rockwellhärte 48 HRC bis 52 HRC; Einhärtungs-Härtetiefe mit Grenzhärte 400 HV100 mindestens 1 mm und höchstens 2 mm tief

1 Laufrolle C45E

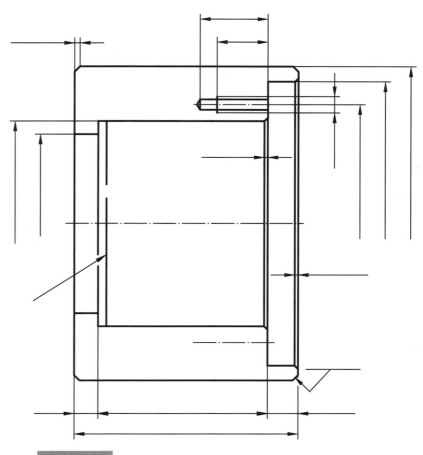

Name: Klasse: Datum:

1 Laufrolle
Aufgabe 6 und 7

6 Teilzeichnung
Zeichnen Sie im Maßstab 2:1 die obere Hälfte des Lagerdeckels Pos. 8 im Vollschnitt (einschließlich der Senkung für Pos. 9) und tragen Sie alle Maße und Fertigungsangaben normgerecht ein.

Allgemeintoleranzen:	DIN ISO 2768-1, Toleranzklasse mittel
Breitenmaße:	Der Lagerdeckel erhält zunächst eine Gesamtbreite von 13 mm; Maß „a" wird bei der Montage festgelegt. Zeichnerisch ist das Maß „a" = 13 mm –9 mm = 4 mm.
Ausdrehung:	Durchmesser 50 mm; Tiefe 10 mm
Durchmessermaße:	Außendurchmesser mit Toleranzklasse d9; Lochkreisdurchmesser mit Abmaßen + 0,1 mm und –0,1 mm
Senkungen:	DIN 974
Werkstückkanten:	Flanschseiten gefast mit 0,5 × 45°; alle anderen Außenkanten mit höchstens 0,1 mm und höchstens 0,3 mm gefast oder gerundet; Innenkante des Absatzes mit höchstens 0,3 mm Übergang
Oberflächen:	Die Ausdrehung wird spanend gefertigt und bleibt ohne Angabe eines Rauheitswertes; alle übrigen Flächen werden spanend gefertigt mit einem R_z-Obergrenze von 25 μm

8 Lagerdeckel E295

7 Toleranzen
Mit welchem Maß „a" ist Pos. 8 auszuführen, um den Abstand von 0,1 mm max. zwischen Pos. 8 und Pos. 1 zu erhalten?
Zunächst werden die Istmaße der Pos. 1, 2, 3 und 7 festgestellt.
Die Messung ergab folgende Werte:
Pos. 1: Tiefe der Wälzlagerbohrung 50,10 mm   Pos. 2: Breite 14,05 mm
Pos. 3: Breite 1x 16,90 mm, 1x 16,95 mm   Pos. 7: Breite 1,20 mm

1 Laufrolle
Aufgabe 8

8 Maßeintragungen
Tragen Sie bei dem verkleinert dargestellten Bundbolzen die fehlenden Fertigungsangaben ein und ergänzen Sie die nicht vollständigen Angaben. Beachten Sie die Baugruppenzeichnung (Blatt 2) und folgende Hinweise:

Allgemeintoleranzen:	DIN ISO 2768-mittel
Wälzlageraufnahme:	Toleranzlage nach DIN 5425 mit Toleranzgrad 6
Nut für Sicherungsring:	Maße nach DIN 471; das Lagemaß der Nut (von der Anlage am Durchmesser 38 bis zur Lastseite des Sicherungsrings) ist mit 0/+0,1 zu tolerieren
Lagetoleranzen:	Bezugselement ist die Achse des Zapfens im Gehäuse Gr. 117. Die Rundlauftoleranz der gekennzeichneten Flächen ist 20 µm; die Rechtwinkligkeitstoleranz 50 µm
Oberflächenangaben:	Alle Flächen werden spanend hergestellt. Der Bezugsdurchmesser und der Wälzlager-Aufnahmedurchmesser werden geschliffen mit einer R_z-Obergrenze von 6,3 µm; die Schleifzugabe beträgt 0,3 mm. Alle übrigen Flächen erhalten eine R_z-Obergrenze von 16 µm
Werkstückkanten:	Die Kanten des Einstichs für den Sicherungsring sind mit einer Abweichung von ±0,02 mm fast scharfkantig; alle übrigen Werkstück-Außenkanten werden mit höchstens 0,3 mm und mindestens 0,1 mm gerundet oder gefast.

4 Bundbolzen E295

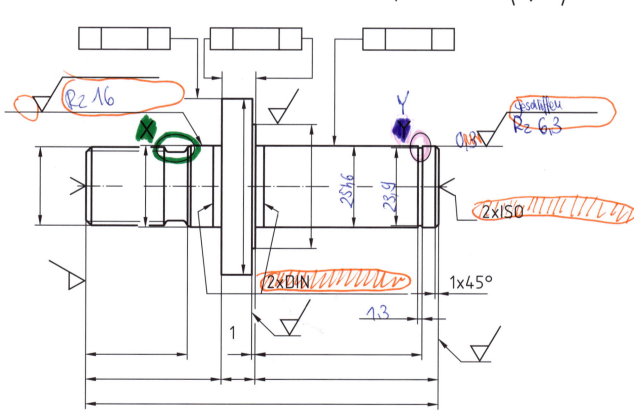

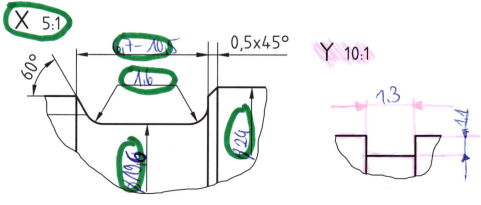

Blatt 5

2 Zentrierspitze
Gesamtzeichnung

Funktionsbeschreibung

Mitlaufende Zentrierspitzen werden in den Reitstock von Drehmaschinen eingesetzt. Sie stützen lange und schwere Drehteile und nehmen Radial- und Axialkräfte auf. Bei der Verwendung von Stirnmitnehmern übertragen sie auch die erforderliche axiale Spannkraft.
Die Auswahl der Größe und des Typs einer Zentrierspitze hängt von der Form und der Größe des Werkstücks und der Art der Bearbeitung ab.

Typenübersicht

Typ 600	mit verringertem Gehäusedurchmesser
Typ 601 N	Gehäuse nicht gehärtet, nur geschliffen
Typ 604 H	Gehäuse gehärtet und geschliffen
Typ 604 HP	Typ 604 H in Genauigkeitsausführung
Typ 604 HMG	Typ 604 H mit Hartmetallspitze und Abdrückmutter
Typ 604 HVL	Typ 604 H mit verlängerter Laufspitze
Typ 614	mit auswechselbaren Einsätzen
Typ 615	mit Stoßdämpfung
Typ 625 AC	mit Axialkraftanzeige, besonders zur Verwendung beim Spannen mit Stirnmitnehmern
Typ 625 AC-VL	Typ 625 AC mit verlängerter Laufspitze
Typ 400 NC	für hohe Drehzahlen und hohe Kräfte, besonders für NC-gesteuerte Maschinen
Typ 750 NC	für sehr hohe Drehzahlen, besonders für NC-Hochgeschwindigkeitsbearbeitung

Zentrierspitze Typ 604 H, Größe 108

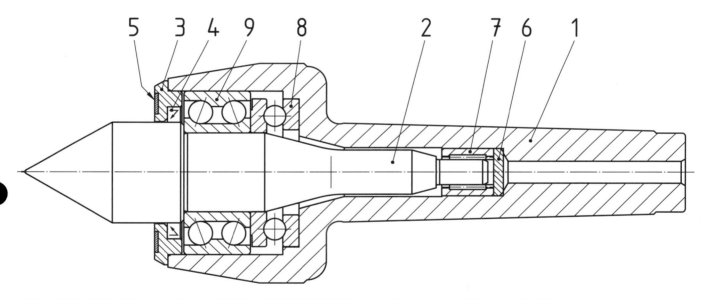

Pos. Nr.	Menge/ Einheit	Benennung	Werkstoff/Norm-Kurzbezeichnung	Bemerkung/Rohteilmaße
1	1	Gehäuse	C45E	–
2	1	Laufspitze	100Cr6	–
3	1	Verschlussdeckel	10SPb20	–
4	1	Dichtring	G32 x 42 x 4	bezogen von…
5	1	Plakette	EN AW-AlMg3	–
6	1	Abdrückscheibe	10SPb20	–
7	1	Nadellager	NK 8/16	bezogen von…
8	1	Axial-Rillenkugellager	DIN 711 - 51205	nachbearbeitet
9	1	Schrägkugellager	DIN 628 - 3205 - P2	–

2 Zentrierspitze
Aufgaben 1 bis 3

1 Bauteilmaße
Ermitteln Sie mit Hilfe eines Tabellenbuches und der folgenden Prospektauszüge die fehlenden Angaben für die Zentrierspitze 604 H-108.
Tragen Sie die Werte in die Tabelle ein (Maße in mm).

Mitlaufende Zentrierspitze 604 H-108

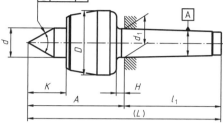

Größe	Morsekegel	A	K	H	d	D	$T_{max.}$
Zentrierspitze **Type 600** mit kleinem Gehäusedurchmesser							
04	3	62	18	7	15	34	0,005
08	4	75,5	25	8,5	20	42	0,005
10	5	104	34	9	30	58	0,01
Zentrierspitze **Type 604 H** Körper gehärtet und geschliffen							
102	2	65	24	7	20	45	0,005
104	3	70,5	27,5	6,5	22	50	0,005
108	4	102,5	41	8,5	32	70	0,005
110	5	129	50,5	8,5	40	90	0,005
Zentrierspitze **Type 604 HVL** mit verlängerter Laufspitze							
102	2	65	24	7	20	45	0,005
108	4	102,5	41	8,5	32	70	0,005
110	5	129	50,5	8,5	40	90	0,005

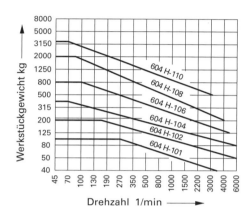

d = _____ D = _____ A = _____ d_1 = _____
H = _____ K = _____ L = _____ T = _____

2 Maximalwerte
Ermitteln Sie für die Zentrierspitze aus den beiden Diagrammen (rechts)
a) die höchstzulässige Drehzahl,
b) das höchstzulässige Werkstückgewicht,
c) die höchstzulässige Axialkraft in daN und kN.

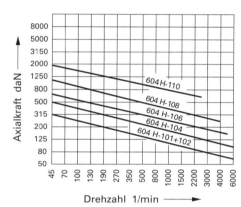

a) _____ b) _____ c) _____

3 Werte aus Kennlinien
a) Ermitteln Sie für die Zentrierspitze aus den beiden Diagrammen (rechts) die fehlenden Werte der folgenden Tabelle.
b) Welche Erkenntnis lässt sich aus der Tabelle (Aufgabe 3a) ableiten?
c) Nennen Sie mögliche Folgen, wenn die in den beiden Diagrammen angegebenen Grenzwerte überschritten werden.

a)

Drehzahl 1/min	100	200	800	1300	2000	3000
zulässiges Werkstückgewicht ca. kg	___	___	___	___	___	___
zulässige Axialkraft ca. kN	___	___	___	___	___	___

b) _____

c) _____

Blatt 7

2 Zentrierspitze
Aufgaben 4 und 5

4 Kegelmaße und Härteangaben

a) An der im Maßstab 1:1 dargestellten Laufspitze (Pos. 2) aus der Baugruppe „Zentrierspitze" (Blatt 6) sind die mit den Buchstaben gekennzeichneten kegeligen Bereiche zu bemaßen. Die Nennmaße sind der Zeichnung zu entnehmen und zu runden (Winkelmaße 15° und Vielfache davon).

b) Wegen der hohen Verschleißbeanspruchungen des Bauteils muss das ganze Bauteil wärmebehandelt werden.
Ermitteln Sie ein geeignetes Wärmebehandlungsverfahren und tragen Sie die erforderliche Zeichnungsangabe ein.

2 Laufspitze 100Cr6

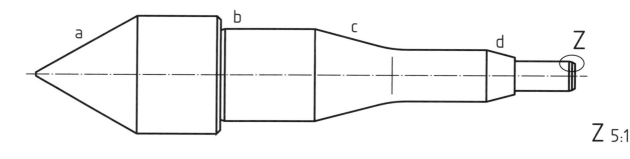

Z 5:1

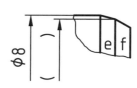

5 Kegelmaße und Härteangaben

a) An dem im Maßstab 1:1 dargestellten Gehäuse (Pos. 1) aus der Baugruppe „Zentrierspitze" (Blatt 6) ist die Bemaßung des Morsekegels zu vervollständigen. Zusätzlich sind die mit a und b gekennzeichneten Kegel normgerecht zu bemaßen.

b) Um den Verschleiß niedrig zu halten, müssen der Außendurchmesser (70 mm), die Verjüngung zur Stirnseite hin und der Morsekegel wärmebehandelt werden. Die restliche Außenkontur und die Innenkontur darf nicht wärmebehandelt werden.
Ermitteln Sie für die beiden Bauteilbereiche ein geeignetes Wärmebehandlungsverfahren und tragen Sie die erforderlichen Zeichnungsangaben ein. Die behandelten Bereiche sollen an der Oberfläche einen Härtewert von 56 bis 58 HRC und die Grenzhärte von 500 HV in einer Härtetiefe von 0,6 bis 1,2 mm aufweisen.

induktionsgehärtet 1 Gehäuse C45E
56 + 2 HRC
SHD 500 = 0,6 + 0,6

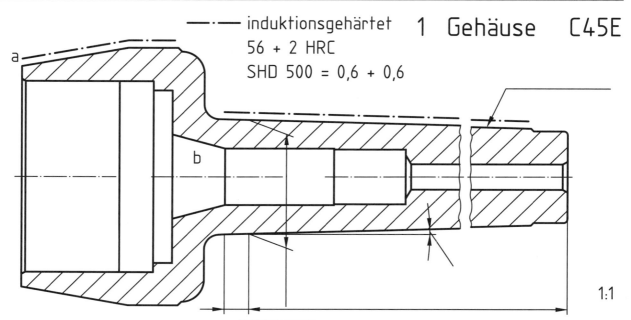

1:1

Blatt 8

2 Zentrierspitze
Aufgaben 6 bis 11

6 Zentrierspitze

Die Zentrierspitze Typ 614 besitzt auswechselbare Einsätze (1 bis 4).
Welcher Vorteil ergibt sich dadurch im Vergleich zur Zentrierspitze Typ 604 H.

Zentrierspitze Typ 614

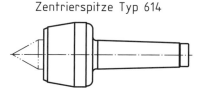

7 Einsatz von Zentrierspitzen

Tragen Sie geeignete Einsatzformen ein und begründen Sie Ihre Wahl:
a) Ein Werkstück soll zwischen Spitzen plangedreht werden
b) Ein rohrförmiges Werkstück soll zwischen Spitzen gedreht werden; die zu fertigenden Außendurchmesser müssen zum vorhandenen Außendurchmesser des Rohteils rundlaufen
c) Ein rohrförmiges Werkstück soll zwischen Spitzen gedreht werden; die zu fertigenden Außendurchmesser müssen zum unbearbeiteten Rohrinnendurchmesser rundlaufen

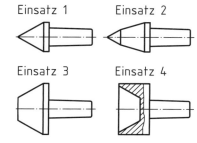

Einsatz 1   Einsatz 2

Einsatz 3   Einsatz 4

a) _____

b) _____

c) _____

8 Kugellager

Für das Lager Pos. 8 ist rechts eine Nachbearbeitungs-Zeichnung abgebildet
Erläutern Sie die Gründe für diese Nachbearbeitung.

Nachbearbeitung für Pos. 8

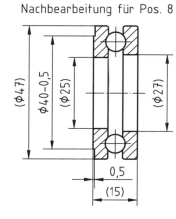

9 Wälzlager

In der Zentrierspitze sind drei Wälzlager eingebaut.
a) Ordnen Sie den jeweiligen Lagern die zulässige Kraftrichtung zu.
b) Welche Aufgaben haben die einzelnen Lager?

a) Pos. 7: _____   Pos. 8: _____   Pos. 9: _____

b) Pos. 7: _____

   Pos. 8: _____

   Pos. 9: _____

10 Normbezeichnung

Welche Bedeutung hat das Nachsetzzeichen P2 beim Schrägkugellager Pos. 9?

11 Nadellager

Das Nadellager Pos. 7 hat keinen Innenring.
a) Nennen Sie Gründe für die Wahl dieser Ausführung.
b) Welche Auswirkungen hat diese Wahl für die Bearbeitung des zugehörigen Wellenzapfens?
c) Bestimmen Sie die Toleranzklasse und den maximalen Ra-Wert für den Wellenzapfen, wenn kleine Lagerluft gefordert wird. (Hilfsmittel: Tabellenanhang)

a) _____

b) _____

c) _____

Blatt 9

2 Zentrierspitze
Aufgaben 12 bis 14

12 Wälzlagerkatalog
Ergänzen Sie die fehlenden Werte in der Tabelle
Hilfsmittel: Tabellenbuch, Tabellenanhang oder Wälzlagerkatalog.

Lager-Kurzzeichen	Innendurchmesser d, F_w			Außendurchmesser D			Lagerbreite B, Lagerhöhe T		
	Nennmaß mm	Abmaße ES µm	Abmaße EI µm	Nennmaß mm	Abmaße es µm	Abmaße ei µm	Nennmaß mm	Abmaße es µm	Abmaße ei µm
NK 8/16									
DIN 711-51205									
DIN 628-3205-P2									

13 Passungen
Ergänzen Sie die in der Tabelle fehlenden Einträge.
Die Werte sind aus der Aufgabe 12 und den in den unteren Bildern eingetragenen Maßen zu ermitteln.
Hinweis: Die Maße der Pos. 1 und 2 weichen von den empfohlenen Anschlussmaßen für Wälzlager ab.

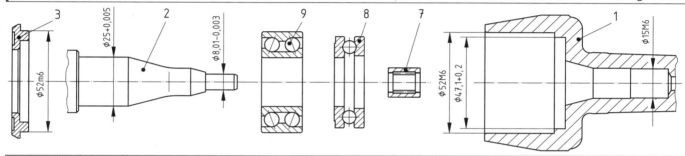

Paarung	Pos.-Nr.	Nennmaß mm	Passteil	Höchstmaß mm	Mindestmaß mm	Höchstspiel µm	Mindestspiel µm	Höchstübermaß µm	Mindestübermaß µm	Passungsart[1]
1	9	25	Bohrung							
	2	25	Welle							
2	8	25	Bohrung							
	2	25	Welle							
3	7	8	Bohrung							
	2	8,01	Welle							
4	1	15	Bohrung							
	7	15	Welle							
5	1	47,1	Bohrung							
	8	47	Welle							
6	1	52	Bohrung							
	9	52	Welle							
7	1	52	Bohrung							
	3	52	Welle							

[1] Abkürzungen: SP: für Spielpassung; ÜGP: für Übergangspassung; ÜMP: für Übermaßpassung

14 Toleranzklassen
Nennen Sie mögliche Gründe, warum der Konstrukteur der Zentrierspitze teilweise nicht genormte Toleranzklassen vorschreibt.

Blatt 10

Name: Klasse: Datum:

2 Zentrierspitze
Aufgaben 15 bis 17

15 Toleranzintervalle

Stellen Sie die Toleranzintervalllagen grafisch dar.
Ergänzen Sie die Darstellungen für die Paarungen 3, 4 und 5 (Aufgabe 13, Blatt 10) in gleicher Weise wie für die Paarung 1 dargestellt. Einzutragen sind für Spielpassungen das Höchstspiel (P_{SH}) und das Mindestspiel (P_{SM}), für Übergangspassungen das Höchspiel (P_{SH}) und das Höchstübermaß ($P_{ÜH}$), für Übermaßpassungen das Höchstübermaß ($P_{ÜH}$) und das Mindestübermaß ($P_{ÜM}$).

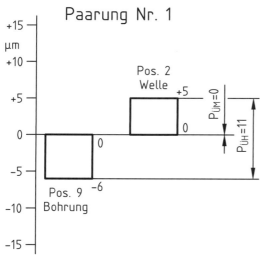

Paarung Nr. 1

Paarung Nr. 3

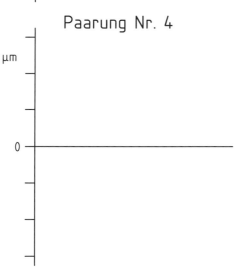

Paarung Nr. 4

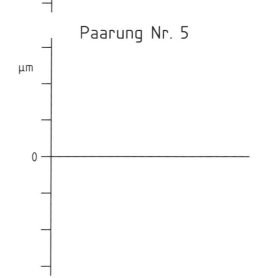

Paarung Nr. 5

16 NC-Fertigung

Für die Fertigung auf NC-Werkzeugmaschinen wird bei tolerierten Maßen jeweils der Mittelwert zwischen Höchst- und Mindestmaß programmiert.
Berechnen Sie den Mittelwert aus den Ergebnissen der Aufgabe 13 und tragen Sie ihn in die Tabelle ein (auf ganze µm gerundet).

Pos.-Nr.	Nennmaß mit Toleranz	Mittelwert in mm	Pos.-Nr.	Nennmaß mit Toleranz	Mittelwert in mm
1	52M6		2	25 +0,005	
1	47,1 +0,2		2	8,01 −0,003	
1	15M6		3	52m6	

17 Schmiermittelversorgung

Nennen Sie eine Möglichkeit für die Schmiermittelversorgung der Wälzlager in der Zentrierspitze.

2 Zentrierspitze
Aufgaben 18 bis 20

18 Einbaulage

Damit die Zentrierspitze für höhere Drehzahlen geeignet ist, müssen die vorhandenen Lager durch zwei Schrägkugellager ersetzt werden.
a) Kennzeichnen Sie in den Skizzen rechts den richtigen Einbau der Lager mit einem Kreuz.
b) Tragen Sie die Maße ein, die im Vergleich zur ursprünglichen Konstruktion geändert wurden.
Hinweis: Der Aufnahmedurchmesser von Pos. 3 im Gehäuse (Pos. 1) ist 4,3 mm lang; zwischen Pos. 3 und dem Außenring des Schrägkugellagers (Pos. 8) soll 0,2 mm Spiel vorhanden sein.
c) Ergänzen Sie die Zeile in der Stückliste

Wählen Sie die richtige Einbaulage:

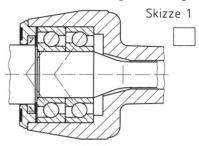
Skizze 1

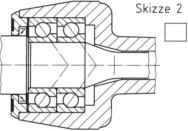
Skizze 2

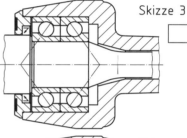
Skizze 3

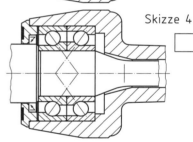
Skizze 4

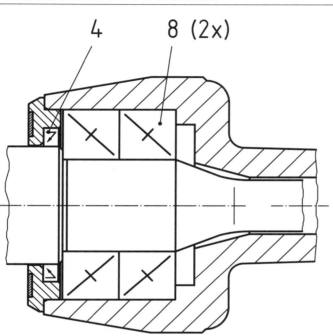

Pos. Nr.	Menge/ Einheit	Benennung	Werkstoff/Norm-Kurzbezeichnung	Bemerkung

19 Wellendichtring
a) Welche Bedeutung hat der Pfeil im Sinnbild der Dichtung Pos. 4?
b) Welche Folgen hätte es, wenn die Dichtung Pos. 4 so eingebaut würde, dass die Dichtlippe nach innen zeigt?

a) _____

b) _____

20 Oberflächengüte
Welche Oberflächenbeschaffenheit muss die Laufspitze (Pos. 2) im Bereich von Pos. 4 aufweisen?
Ergänzen Sie die nebenstehenden Grundsinnbilder
a) mit Wort- und R_a-Angabe (rechtes Sinnbild)
b) mit Wort- und R_z-Angabe (linkes Sinnbild).

Blatt 12

Name: Klasse: Datum:

2 Zentrierspitze
Aufgaben 21 bis 23

21 Einbau Wellendichtring
Nennen Sie mindestens zwei Punkte, die beim Einbau des Wellendichtrings (Pos. 4) besonders zu beachten sind.

_____
_____
_____
_____

22 Verschlussdeckel
a) Wie kann der Verschlussdeckel (Pos. 3) im Gehäuse (Pos. 1) befestigt werden?
b) Weshalb ist für den Verschlussdeckel (Pos. 3) keine besondere Sicherung erforderlich?

a) _____

b) _____
_____
_____

23 Wartungsplan
Der Wartungsplan für die Zentrierspitze schreibt nach 1000 Betriebsstunden eine Erneuerung des Dichtrings und der Wälzlager vor.
Erstellen Sie hierzu einen Arbeitsplan.

Arbeitsplan für die Wartung der Zentrierspitze		
Nr.	Arbeitsschritt	Werkzeuge, Hilfsmittel

Blatt 13

Name: **Klasse:** **Datum:**

2 Zentrierspitze
Aufgabe 24

24 Teilzeichnung

Zeichnen und bemaßen Sie den Deckel (Pos. 3) der Zentrierspitze im Maßstab 2:1.

a) Der Außendurchmesser ist 58,5 –0,2 mm, der Innendurchmesser 32,5 +0,2 mm. Der Außenkegel ist 3 mm lang und hat einen Kegelwinkel von 30°.

b) Der Absatz zur Aufnahme in Pos. 1 ist 4,3 mm lang und hat den Durchmesser 52 mm, Toleranzklasse ist m6.

c) Die Ausdrehung zur Aufnahme von Pos. 4 ist 4 +0,2 mm tief und hat den Durchmesser 42 mm, Toleranzklasse H7. Der Übergang zur Planfläche ø52 ist mit 0,5 × 45°, zur Bohrung ø32,5 mit 1 × 45° gefast.

d) Der Einstich zur Aufnahme von Pos. 5 hat die Durchmesser 37,4 –0,2 mm und 50,6 +0,2 mm und ist 1,1 +0,2 tief.

e) Die beiden Innendurchmesser müssen mit einer Toleranz von 0,05 mm zum Durchmesser 52m6 rundlaufen.

f) Die Durchmesser 52m6 und 42H7 dürfen eine R_z-Obergrenze von 6,3 µm nicht überschreiten, alle übrigen Flächen dürfen eine R_z-Obergrenze bis zu 25 µm aufweisen.

g) Die Außenkanten müssen mit 0,3 bis 0,5 mm gefast oder gerundet werden, die Innenkanten müssen einen Übergang von höchstens 0,3 mm aufweisen.

h) Maße ohne Toleranzangaben sind nach ISO 2768 mit der Toleranzklasse mittel auszuführen.

i) Das ganze Werkstück ist brüniert.

2 Zentrierspitze
Aufgabe 25

25 Statistische Auswertung

Um die Serienfertigung der Verschlussdeckel vorzubereiten wurden im Rahmen der Maschinenfähigkeitsuntersuchung 50 Teile in Folge gefertigt und am Passmaß ø52m6 entsprechend der folgenden Urliste ausgemessen.

Stichprobenumfang: 50 Teile
Bauteil: Verschlussdeckel
Prüfmerkmal: Durchmesser 52m6
Gemessene Maße in: mm

52,016	52,010	52,014	52,016	52,019	52,015	52,016	52,019	52,016	52,018
52,020	52,018	52,018	52,019	52,014	52,020	52,021	52,016	52,015	52,015
52,016	52,014	52,017	52,012	52,019	52,012	52,017	52,015	52,017	52,017
52,018	52,016	52,013	52,019	52,017	52,018	52,016	52,017	52,018	52,016
52,015	52,018	52,014	52,014	52,015	52,017	52,023	52,016	52,012	52,018

a) Ergänzen Sie das angefangene Strichlistenformular. Bestimmen Sie hierzu die erforderliche Anzahl der Klassen, die Klassenweite und die Messwertgrenzen.
b) Vervollständigen Sie die Strichliste durch Eintrag der erforderlichen Striche und der absoluten Häufigkeiten.
c) Erstellen Sie ein Histogramm für die 50 erfassten Messwerte

Anzahl der Klassen:

Spannweite und Klassenweite:

Klasse Nr.	Messwert ≥	Messwert <	Strichliste	absolute Häufigkeit
1	52,010			

| Name: | Klasse: | Datum: |

3 Rohrabzweig
Aufgabe 1

1 Schweißzeichnung

Die Baugruppe „Rohrabzweig" besteht aus dem Mantelrohr (Pos. 1), den beiden Böden (Pos. 2 – Kaufteile), dem Zulaufsrohr (Pos. 3) und den beiden Ablaufrohren (Pos. 4). Alle Teile besitzen eine Wanddicke von 4 mm. Die Pos. 1, 3 und 4 werden aus nahtlosem Stahlrohr DIN EN 10297 aus dem Werkstoff S275JR hergestellt. Für Pos. 1 wird ein Stahlrohr mit 88,9 mm, für Pos. 3 ein Stahlrohr mit 42,4 mm Außendurchmesser verwendet.

Die Ablaufrohre (Pos. 4) ragen 5 mm in den Verteiler hinein. Die Rohrdurchmesser sind durch Berechnung so festzulegen, dass die beiden Ablauf-Querschnitte zusammen ungefähr dem Zulaufquerschnitt entsprechen. Die Ablaufrohre sollen in der Zeichnung etwa so lang wie das Zulaufrohr dargestellt werden.

Vervollständigen Sie die Zeichnung (Symmetrielinien der Ablaufrohre sind bereits gezeichnet) und tragen Sie normgerechte Sinnbilder für folgende Schweißnähte ein (alle Schweißnähte verlaufen ringsum):
① HV-Naht ② Kehlnaht a = 4 mm ③ V-Naht
④ V-Naht ⑤ Kehlnaht a = 4 mm

Tragen Sie die Pos.-Nummern in die Zeichnung ein und erstellen Sie die Stückliste. Die Spalte „Werkstoff/Normkurzbezeichnung" in der Stückliste muss für Kaufteile nicht ausgefüllt werden.

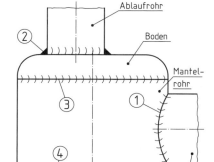

Rohrabzweig

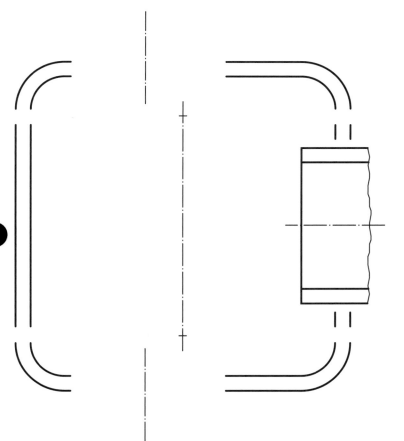

Berechnung der Rohrdurchmesser für Pos. 4
(Innendurchmesser von Pos. 3:
d_1 = 42,4 mm – 2 · 4 mm = 34,4 mm)

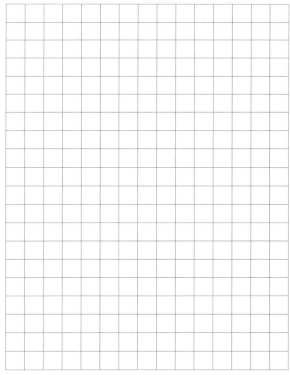

Pos. Nr.	Menge/ Einheit	Benennung	Werkstoff/Norm-Kurzbezeichnung

Blatt 16

3 Rohrabzweig
Aufgabe 2

2 Durchdringung

Vom Rohrabzweig (Blatt 16 und Skizze) soll die Durchdringungslinie von Pos. 3 und Pos. 1 konstruiert werden. Konstruieren Sie zu dem in Vorderansicht und Draufsicht vergrößert dargestellten Ausschnitt die Seitenansicht mit der Durchdringungslinie zwischen Mantelrohr und Zulaufrohr (Mantel- und Zulaufrohr ebenfalls entsprechend abbrechen).

Rohrabzweig

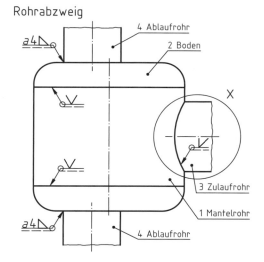

X (unmaßstäblich)

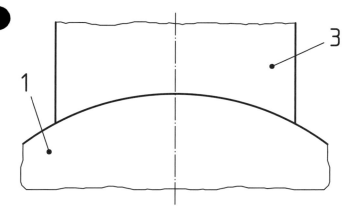

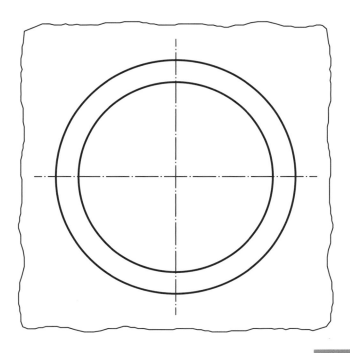

Blatt 17

3 Rohrabzweig
Aufgabe 3

3 Vollschnitt

Der Rohrabzweig (Blatt 16 und Skizze) wird in einer Variante als Druckbehälter ausgeführt. Die Wanddicke des Mantelrohrs muss deshalb bei gleichem Außendurchmesser auf 8 mm erhöht werden.

Zeichnen Sie zur gegebenen Vorderansicht des Mantelrohrs die Draufsicht und die Seitenansicht von links (Schnitt).

Rohrabzweig

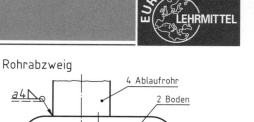

X (unmaßstäblich)

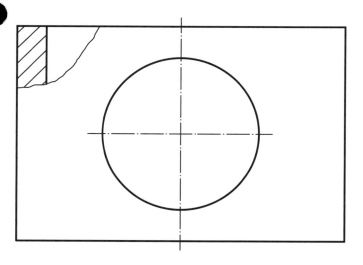

4 Gabelkopf
Aufgaben 1 und 2

1 Gabelkopf
Der im Anker drehbar gelagerte Gabelkopf soll mit einer Druckstange (Skizze) verbunden werden. Die verwendete Druckstange hat einen Durchmesser $d = 40$ mm.
Konstruieren Sie das andere Ende des in der Vorderansicht teilweise gegebenen Gabelkopfes entsprechend. Ergänzen Sie, wenn nötig, die Draufsicht und zeichnen Sie die Seitenansicht von links (Schnitt)

2 Normbezeichnung
Schreiben Sie unter Ihre Konstruktion die Normbezeichnungen der von Ihnen vorgesehenen Spannstifte 1 und 2.

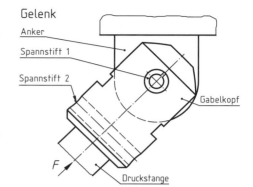

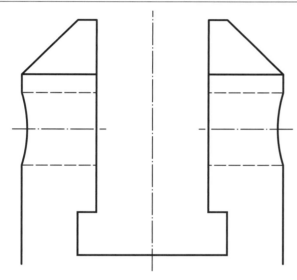

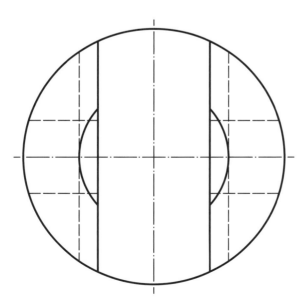

Normbezeichnung Spannstift 1:　　　　　　　　Normbezeichnung Spannstift 2:

Blatt 19

4 Gabelkopf
Aufgabe 3

3 Bolzenverbindungen

Als Verbindung zwischen Anker und Gabelkopf muss der Spannstift 1 durch eine Bolzenverbindung ersetzt werden.

a) Stellen Sie die Bolzenverbindung mit
- einem Bolzen ISO 2340 - B - 20 × 100 - St
- zwei Scheiben ISO 8738 - 20 - 160 HV
- zwei Splinten ISO 1234 - 5 × 40 - St dar.

b) Stellen Sie die Bolzenverbindung mit
- einem Bolzen ISO 2341 - B - 20 × 85 - St
- einer Scheibe ISO 8738 - 20 - 160 HV
- einem Splint ISO 1234 - 5 × 40 - St dar.

a)
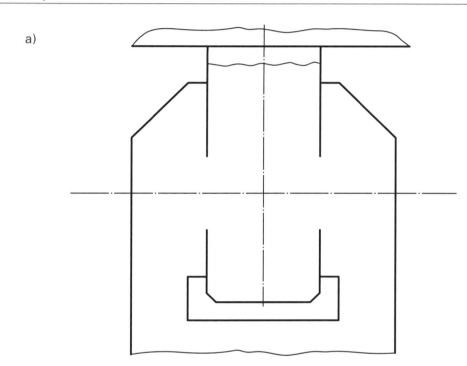

b)
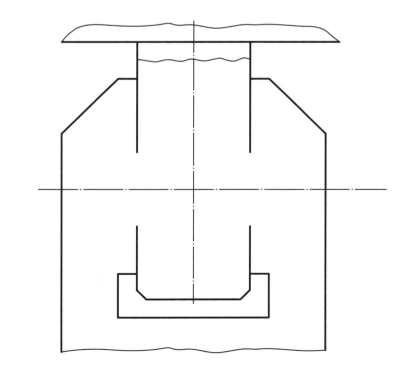

4 Gabelkopf
Aufgabe 4

4 Bolzenverbindung

Als weitere Alternative der Bolzenverbindung zwischen Anker und Gabelkopf soll ein Bolzen mit Kopf und Gewindezapfen, eine dazu passende Scheibe mit 200 HV Härte und eine Sechskantmutter mit Klemmteil zum Einsatz kommen.

a) Wählen Sie geeignete Normgrößen aus und geben Sie Normbezeichnungen an.
b) Ermitteln Sie die Abmessungen der Normteile und tragen Sie diese in die Tabelle ein.
c) Bestimmen Sie die Passungsart, die sich zwischen Bolzen und Gabel ergibt, wenn die Gabelbohrung mit der Toleranzklasse H7 hergestellt wird und bestimmen Sie deren Grenzpassungen sowie deren Passtoleranz.
d) Stellen Sie die Bolzenverbindung mit den ausgewählten Normteilen dar.

a) Bolzen: _____

Scheibe: _____

Mutter: _____

b)

Normteilabmessungen in mm													
Bolzen							Scheibe			Mutter			
d_1	l_1	b	l_2	k	d_3	d_2	d_1	d_2	h	d	m	h	e

c) _____

d)

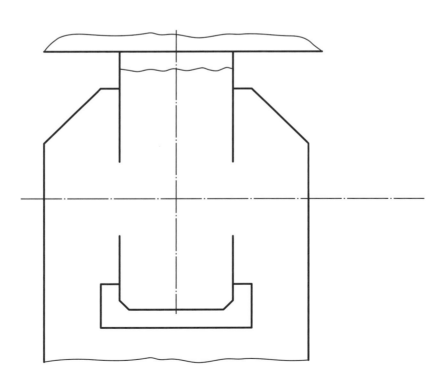

5 Kabelkanal
Gesamtzeichnung

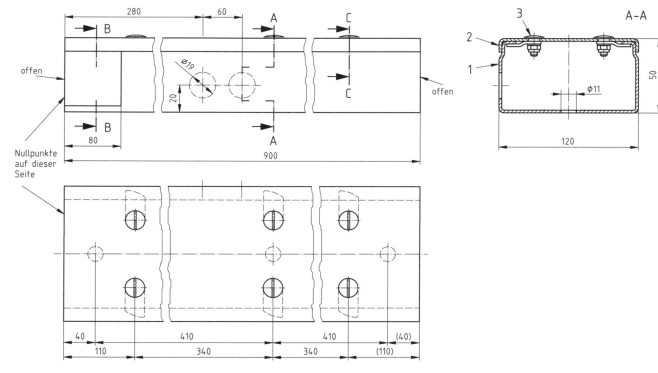

B-B (nur Pos. 1)
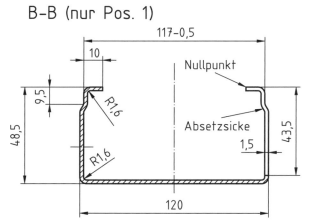

C-C (nur Pos. 2)
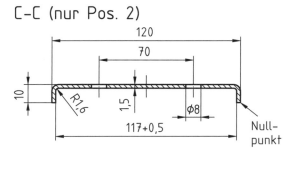

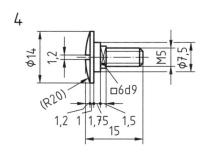

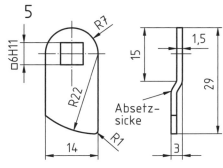

Bearbeitungshinweise für Pos. 1 und 2:
Blechbearbeitungsflächen R_z-Obergrenze 100 µm; Außenkanten mindestens 0,05 mm und höchstens 0,1 mm gefast oder gerundet
farbbehandelt nach RAL 7035 (Lichtgrau)
Kennzeichnung mit Schlagzahlen auf der Innenseite

Pos. Nr.	Menge/ Einheit	Benennung	Werkstoff/Norm-Kurzbezeichnung	Bemerkung/ Rohteilmaße
1	1	Kabelkanal	DC01-A-m	Blech EN 10130-1,5
2	1	Deckel	DC01-A-m	Blech EN 10130-1,5
3	6	Drehriegelverschluss	–	besteht aus Pos. 4 bis 7
4	6	Schraube	35S20	Rd14x20
5	6	Halter	DC01-A-m	Blech EN 10130-1,5
6	6	Scheibe	ISO 7090-5-200 HV	–
7	6	Sechskantmutter	ISO 7040-M5-8	–

5 Kabelkanal
Aufgaben 1 und 2

Information zur NC-Fertigung
Bleche für Schaltschränke, Kabelkanäle usw. werden vielfach auf CNC-Laserschneidmaschinen zugeschnitten und mit NC-gesteuerten Loch- und Abkantmaschinen fertiggestellt. Für die Übernahme der Werte in die NC-Programme sind Abwicklungszeichnungen mit Koordinatenbemaßung erforderlich.

1 Koordinatenberechnung
Berechnen Sie die Y-Werte (Ordinaten) der Pos. 1 und 2.
Der Ausgleichswert v für die 90°-Biegungen ist einem Tabellenbuch zu entnehmen; die Absatzsicken bleiben dabei unberücksichtigt. Ausgangspunkte für die Berechnung sind die auf Baltt 22 in den Schnittdarstellungen B-B und C-C angegebenen Nullpunkte. Die errechneten Werte sind auf ganze mm zu runden.

Ausgleichswert $v =$

Y-Werte für Pos. 1:

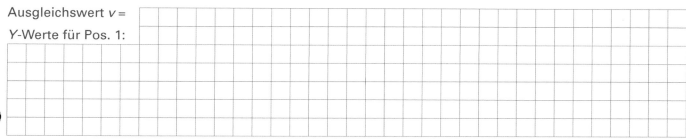

Y-Werte für Pos. 2:

2 Abwicklung
a) Ergänzen Sie die nicht maßstäbliche Abwicklungsskizze der Pos. 1.
   Die Längenmaße (X-Werte) können der Gesamtzeichnung Blatt 22 entnommen werden, die Y-Werte aus der Berechnung Aufgabe 1. Die Maße sind als steigende Bemaßung einzutragen.
b) Ergänzen Sie die nicht maßstäbliche Abwicklungsskizze der Pos. 2.
   Die Längenmaße (X-Werte) können der Gesamtzeichnung Blatt 22 entnommen werden, die Y-Werte aus der Berechnung Aufgabe 1. Die Maße sind als steigende Bemaßung einzutragen.

a)

b)
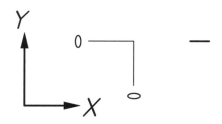

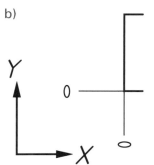

Blatt 23

Name: Klasse: Datum:

5 Kabelkanal
Aufgaben 3 und 4

3 Fertigungsplan

Erstellen Sie einen Arbeitsplan für die Herstellung der Pos. 1 des Kabelkanals (Blatt 22, ohne Laserschnitt)

Das Abkanten und Stanzen der Teile erfolgt mit einer NC-gesteuerten Presse. Zum Sicken ist das Presswerkzeug Nr. 100 zu verwenden.

Arbeitsplan für Pos. 1 des Kabelkanals	
Nr.	Arbeitsschritt

4 Montageplan

Beschreiben Sie die Vormontagearbeiten der Pos. 1 bis 7 des Kabelkanals (Blatt 22)

Der vormontierte Kabelkanal wird zur Endmontage angeliefert.

Montageplan für Pos. 1 bis 7 des Kabelkanals	
Nr.	Arbeitsschritt

Name: Klasse: Datum:

5 Kabelkanal
Aufgaben 5 und 6

5 Werkstoffpreise
a) Erfragen Sie bei verschiedenen Werkstofflieferanten den Preis für folgende Werkstoffe:
b) Stellen Sie die Werkstoffpreise in einem Balkendiagramm dar. Sortieren Sie nach der Preishöhe.

a) S235JR _____ /kg

S355JR _____ /kg

CrNi-Stahl _____ /kg

AlMg-Legierung _____ /kg

Automatenstahl _____ /kg

Messing _____ /kg

b)

6 Rohteilkosten
Ermitteln Sie für 1000 Schrauben des Kabelkanals die Rohteilkosten bei Verwendung der verschiedenen Werkstoffe aus Aufgabe 5.

Blatt 25

5 Kabelkanal
Aufgaben 7 und 8

7 Zerspantes Volumen

Die Schrauben werden spanend hergestellt.
Berechnen Sie das zerspante Volumen für eine Schraube. (Schraubenkuppe vereinfacht als Zylinder berechnen)

$V_{Roh} = 3{,}08$ cm³

8 Rohpreis

Erstellen Sie eine Grobkalkulation für 1000 Schrauben aus Automatenstahl, bei einer Fertigungszeit von 3,4 min, 24,- € Platzkosten für den Drehautomaten und Sonderkosten für Spannvorrichtung und Werkzeuge von 800 €. Für Verwaltung und Vertrieb berechnen Sie 12 % der Herstellerkosten, für Gewinn schlagen Sie 20 % der Selbstkosten auf. Wie hoch ist der Rohpreis ohne Mehrwertsteuer?

6 Bohrvorrichtung
Gesamtzeichnung, Stückliste

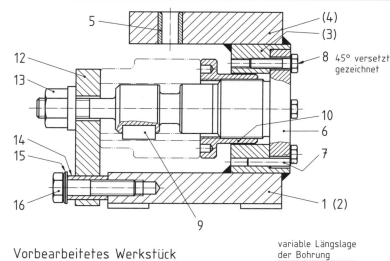
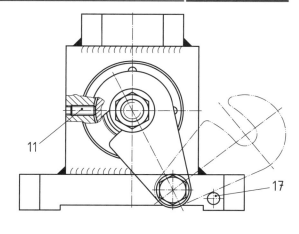

Vorbearbeitetes Werkstück
EN-GJL300

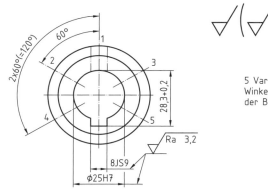

5 Varianten für
Winkellage
der Bohrung

Funktionsbeschreibung
Mit Hilfe der Bohrvorrichtung sollen Serien von vorbearbeiteten Werkstücken aus Gusseisen radial gebohrt werden. Für die Winkellage der Bohrung zur Passfeder sind fünf verschiedene Varianten geplant. Die Längslage der Bohrung ist stufenlos einstellbar.

Pos. Nr.	Menge/ Einheit	Benennung	Werkstoff/Norm-Kurzbezeichnung	Bemerkung
1	1	Gestell	S235JRC+C	best. aus Pos. 2+3+4
2	1	Grundplatte	S235JRC+C	Blech 20 mm
3	1	Steg	S235JRC+C	Blech 30 mm
4	1	Bohrplatte	S235JRC+C	Blech 18 mm
5	1	Bohrbuchse	DIN 179 - A - 8 x 16	
6	1	Bolzen	C45E+QT	Rd 70x130
7	1	Zylinderstift	ISO 8734 - A - 4 x 20	
8	4	Sechskantschraube	ISO 4014 - M5 x 20 - 8.8	
9	1	Passfeder	DIN 6885 - A - 8 x 7 x 16	
10	1	Anschlagmutter	E295	Rd 60x30
11	1	Gewindestift	ISO 4026 - M5 x 12 - 45H	
12	1	Schwenkarm	S235JRC+C	Blech 12 (Brennschnitt)
13	1	Bundmutter	DIN 6331 - M10 - 10	
14	1	Abstandsbuchse	S185	Rohr Ø13,5x3,2
15	1	Scheibe	ISO 7090 - 8 - 200 HV	
16	1	Sechskantschraube	ISO 4014 - M8 x 35 - 8.8	
17	1	Zylinderstift	ISO 2338 - 6m6 x 30 - St	

Blatt 27

6 Bohrvorrichtung
Einzelteile

1 Gestell, bestehend aus Pos. 2, 3 + 4

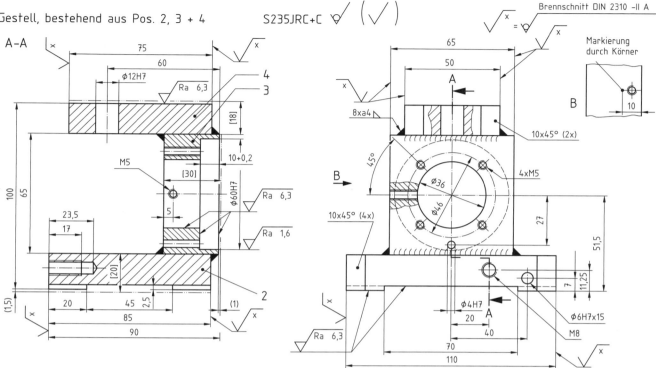

6 Bolzen C45E+QT[1)]

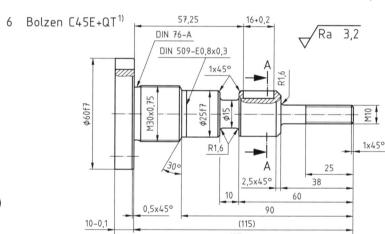

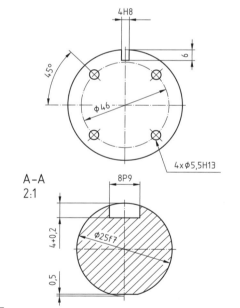

[1)] Pos. 6 gezeichnet für Fertigung der Bohrungsvariante 1
Form- und Lagetoleranzen für Pos. 6: Blatt 30

10 Anschlagmutter E295

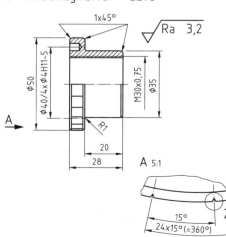

14 Abstandsbuchse S185

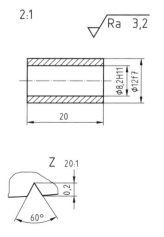

12 Schwenkarm S235JRC+C

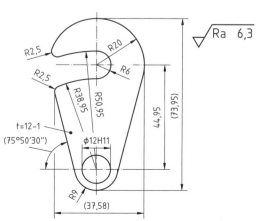

Blatt 28

Name: Klasse: Datum:

6 Bohrvorrichtung
Aufgaben 1 bis 5

1 Arbeitsplan
Mit Hilfe der Bohrvorrichtung und einem Spiralbohrer sollen vorbearbeitete Werkstücke (Blatt 27) gebohrt werden. Beschreiben Sie die Arbeitsschritte zum Spannen, Bohren und Ausspannen eines Werkstückes.

Montageplan zum Bohren eines Werkstücks		
Nr.	Arbeitsschritt	Werkzeuge, Hilfsmittel, Erläuterung

2 Technologie
a) Welche Aufgaben hat die Pos. 5 der Bohrvorrichtung?
b) Welche Aufgaben haben die Pos. 10 und 11 der Bohrvorrichtung?

a) _____

b) _____

3 Passungen
Bestimmen Sie Höchst- und Mindestmaß für die Bohrungslage (variables Maß *a* am Werkstück, Blatt 27), wenn die Einschraublänge von Pos. 10 auf Pos. 6 mindestens 10 mm betragen soll (30°-Fase am Gewinde M30x0,75 von Pos. 6 bleibt unberücksichtigt).

4 Funktion
Am Anfang des Bundes von Pos. 10 sind 24 Kerben angebracht. Wozu dienen diese?

5 Einstellvorgang
Die Bohrvorrichtung soll auf eine andere Bohrungs-Längslage (Maß *a*, Blatt 27) eingestellt werden. Beschreiben Sie den Arbeitsvorgang.

Arbeitsplan zum Einrichten der Bohrungs-Längslage		
Nr.	Arbeitsschritt	Werkzeuge, Hilfsmittel, Erläuterung

6 Bohrvorrichtung
Aufgabe 6

6 Tragen Sie an den bemaßten Elementen funktionsgerechte Lagetoleranzen ein.

Die Achse des Bundes ø60f7 ist als Bezugselement A, die Achse des Wellenabsatzes ø25f7 mit Passfedernut ist als Bezugselement B zu kennzeichnen.

Die Auflagefläche von Pos. 6 am Gestell Pos. 1 ist als Bezugselement C zu kennzeichnen. Sie muss rechtwinklig zu A sein (Toleranz 0,02 mm).

Die Achse des Gewindes M30×0,75 muss koaxial zu A sein, Toleranzzone ist ein Zylinder ø0,1 mm.

Die Nut 4H8 muss symmetrisch zu A sein (Toleranzzone 0,1 mm). Ihre Mittelebene ist als Bezugselement D zu kennzeichnen.

Die Passfedernut 8P9 muss symmetrisch zu B-D sein (Toleranzzone 0,1 mm).

Die Position der vier Bohrungen ø5,5H13 wird durch die theoretisch genauen Maße ø46 und 45° bestimmt. Bezugselemente sind C, A und D, die Toleranzzone ist ein Zylinder ø0,2 mm.

Die beiden Achsen der Wellenabsätze ø25f7 müssen koaxial zu A sein. Sie bilden eine gemeinsame Toleranzzone mit ø0,1 mm.

6 Bolzen C45E+QT

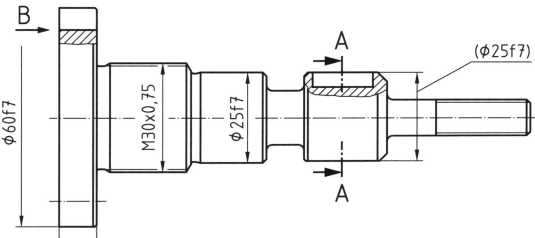

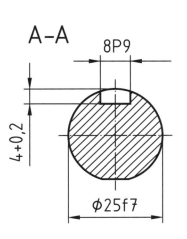

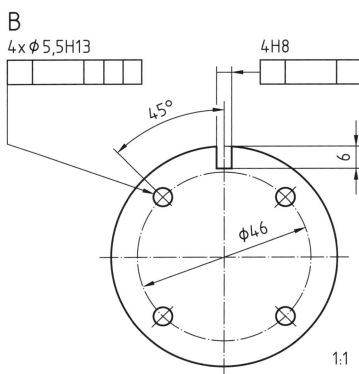

1:1

Blatt 30

6 Bohrvorrichtung
Aufgabe 7

7 NC-gerechte Bemaßung
Die Bemaßung des dargestellten Bolzens (Pos. 6) aus der Baugruppe „Bohrvorrichtung" (Blatt 27) soll für eine NC-Fertigung umgestellt werden.
a) Berechnen Sie die Länge der 30°-Fase
b) Legen Sie den Werkstück-Nullpunkt für die NC-Drehbearbeitung fest und tragen Sie diesen normgerecht in die Ansicht (unten) ein.
c) Bemaßen Sie den Bolzen für die NC-Drehbearbeitung von dem eingetragenen Nullpunkt aus (Absolutbemaßung).

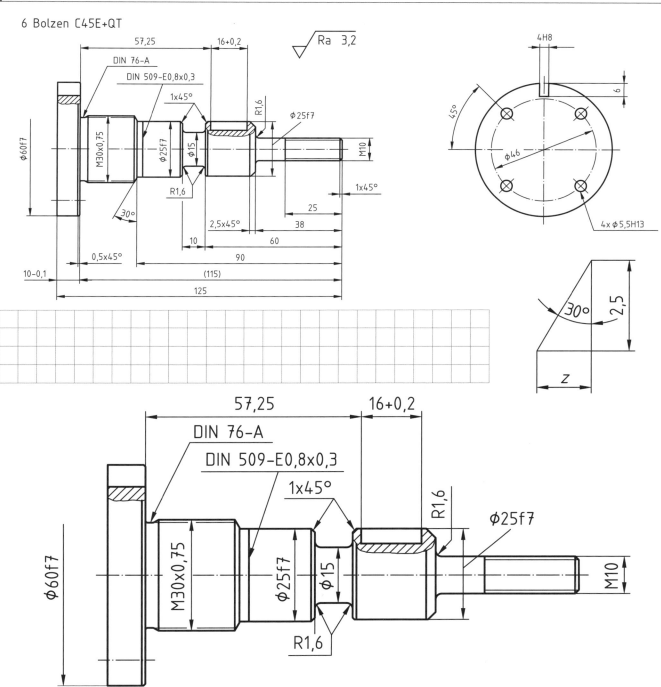

1:1

Blatt 31

6 Bohrvorrichtung
Aufgaben 8 bis 10

8 Drehwinkel
Beim Prüfen der Bohrungslage (Aufgabe 5) wird statt der Bohrungs-Längslage a = 20 mm ein Lagemaß von 20,25 mm festgestellt.
a) Bestimmen Sie den erforderlichen Drehwinkel für Pos. 10.
b) Beschreiben Sie den Korrekturvorgang.

a)

b)

9 Normteile
Die Bohrvorrichtung soll so umkonstruiert werden, dass wahlweise Bohrungen zwischen 6 und 8 mm Durchmesser mit der Toleranzklasse H11, Passbohrungen mit der Toleranzklasse H7 oder Gewindebohrungen M8 oder M8×0,5 gefertigt werden können.
Erläutern Sie die erforderlichen Änderungen und geben Sie die zu verwendenden Normteile an.
Hilfsmittel: Tabellenbuch und Tabellenanhang am Ende des Lehrgangs.

10 Bohrplatte
Ändern Sie die Bohrplatte (Pos. 4 in Gestell Pos. 1) für die Verwendung folgender Bauteile ab: Bohrbuchse DIN 173-K, eingesteckt in eine versenkte Bohrbuchse DIN 172, gesichert mit Spannbuchse DIN 173. Tragen Sie die für die Änderung erforderlichen Maße in die Zeichnung ein. Entnehmen Sie die Werte den Tabellen im Anhang (Blatt 88).

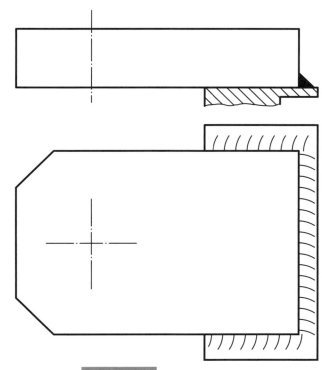

| Name: | Klasse: | Datum: |

6 Bohrvorrichtung
Aufgaben 11 und 12

11 Teilzeichnung
Der Bolzen (Pos. 6) ist auf Blatt 28 so gezeichnet, dass die Variantenlage 1 der Werkstückbohrungen (Blatt 27) gefertigt werden kann.
Ändern Sie den Bolzen so ab, dass alle 5 Varianten gefertigt werden können.

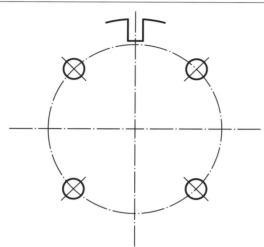
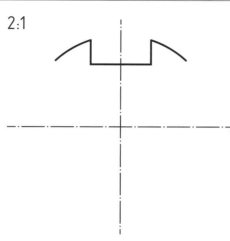

A-A 2:1

12 Arbeitsplan
Es sind Werkstücke zu fertigen, die in der Variantenlage 5 und in der Längslage a = 16,5 mm eine Gewindebohrung M8×1 erhalten sollen.
a) Ermitteln Sie die erforderlichen Bohrbuchsen für die nach Aufgabe 10 umkonstruierte Bohrvorrichtung.
b) Erstellen Sie einen Arbeitsplan für das Ändern der Bohrvorrichtung entsprechend Aufgabe 10.
c) Erstellen Sie einen Arbeitsplan für das Umrüsten der Bohrvorrichtung von Variante 1 auf Variante 5.

a) _____

b) Arbeitsplan zum Ändern der Bohrvorrichtung		
Nr.	Arbeitsschritt	Werkzeuge, Hilfsmittel, Erläuterung

c) Arbeitsplan zum Umrüsten der Bohrvorrichtung für Variante 5		
Nr.	Arbeitsschritt	Werkzeuge, Hilfsmittel, Erläuterung

6 Bohrvorrichtung
Aufgabe 13

13 Koordinatenwerte

Die Baugruppe „Bohrvorrichtung" (Blatt 27) soll zur Bearbeitung von 5 unterschiedlichen Bauteilvarianten verwendet werden. Dabei unterscheiden sich an den Bauteilen die Winkellagen der Bohrungen zur Passfedernut.

a) Übertragen Sie das vollständige Bohrbild und die Außenkontur des in Aufgabe 7, Blatt 31 umkonstruierten Bolzens (Pos. 6) und kennzeichnen Sie jede Bohrungslage mit einer Nummer.
b) Kennzeichnen Sie den Mittelpunkt der Kontur mit dem Sinnbild Werkstücknullpunkt.
c) Zum Zentrieren der Bohrungen ø5,5H13 auf einer NC-Maschine sollen eine kartesische Koordinatentabelle und eine Polarkoordinatentabelle erstellt werden. Die Tabellenwerte sind rechnerisch zu ermitteln.

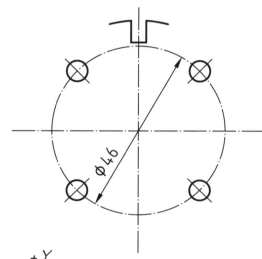

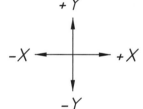

Kartesische Koordinaten

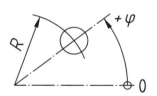

Polarkoordinaten

Kartesische Koordinaten

Lage der Bohrung	X	Y	Lage der Bohrung	X	Y	Lage der Bohrung	X	Y
1			5			9		
2			6			10		
3			7			11		
4			8			12		

Polarkoordinaten

Lage der Bohrung	R	φ	Lage der Bohrung	R	φ	Lage der Bohrung	R	φ
1			5			9		
2			6			10		
3			7			11		
4			8			12		

6 Bohrvorrichtung
Aufgaben 14 und 15

14 NC-Planung, Koordinatenwerte
Für den Bolzen aus der Baugruppe „Bohrvorrichtung" soll ein NC-Drehprogramm erstellt werden. Der Werkstücknullpunkt ist an der rechten Planfläche des Bolzens.
Bestimmen Sie die Koordinatenwerte der Konturpunkte P1 bis P3 an der Einzelheit Z und tragen Sie die Werte in der Tabelle ein.
Der Radius bleibt berücksichtigt, da er durch den Schneidenradius des Drehmeißels gebildet wird.

6 Bolzen C45E+QT

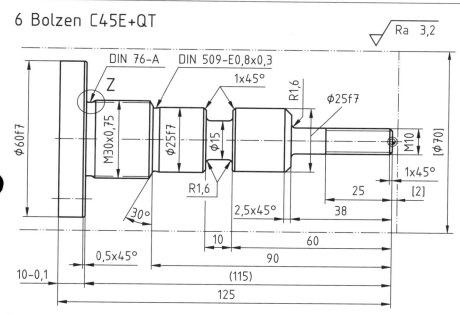

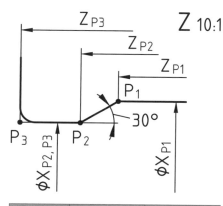

Punkt	X(ø)	Z
P1		
P2		
P3		

15 CNC-Drehprogramm für Pos. 6, Bolzen
a) Ermitteln Sie mit Hilfe eines Tabellenbuches die in der Tabelle fehlenden Schnittwerte der Drehmeißel.
b) Ergänzen Sie auf dem Blatt 37 und 38 das NC-Drehprogramm für den Bolzen Blatt 35 an den gekennzeichneten Stellen.

Hinweise: Fasen und Freistiche werden beim Schlichtschnitt gefertigt. Bei den Zyklen und Kreisangaben müssen stets alle Werte des NC-Satzes angegeben werden. Bei den übrigen Sätzen müssen nur die sich ändernden Werte eingetragen werden. Der Radius 0,4 mm bleibt beim Schlichtschnitt unberücksichtigt, weil er durch den Schneidenradius der Werkzeuge geformt wird. Für Passmaße wird die Mitte der Toleranz programmiert.

Drehwerkzeuge						
Darstellung						
Werkzeug-Nr.	T0101	T0202	T0307	T0308	T0404	T0505
Einstellwinkel κ in Grad	93	93	90	90	90	90
Schneidenradius r in mm	0,8	0,4	0,4		–	–
Scheidstoff	HC-M20	HC-M20	HC-M20		HC-P20	HC-M20
Schnittgeschwindigkeit v_c in m/min						–
Drehzahl n in min^{-1}	–	–	–			
Spanungstiefe a_p in mm			b = 4 mm		–	–
Vorschub f in mm						$f = P$

Hinweis zum Stechdrehmeißel T03:
Der Meißel ist mit 2 verschiedenen Schneidenpunkten P vermessen. Die Werte für den rechten Schneidenpunkt P sind im Werkzeugspeicher 07 gespeichert, die Werte für den linken Schneidenpunkt P im Werkzeugspeicher 08. Das Werkzeug wird daher zum Drehen der Nut ohne Werkzeugwechsel mit 2 verschiedenen Werkzeugnummern aufgerufen.

6 Bohrvorrichtung
Aufgabe 15

CNC-Drehprogramm für Bolzen (Fortsetzung von Blatt 35)

Informationen zum Aufbau der Drehmaschine
Die zu verwendende CNC-Drehmaschine ist als Schrägbettmaschine konstruiert. Der Werkzeugträger ist hinter der Drehmitte angeordnet und mit einem automatischen Werkzeugwechsler mit 6 Plätzen ausgerüstet. Werkzeugwechselpunkt ist X150 Z100.

Informationen zu CNC-Steuerung
Die Korrekturmaße für die Werkzeuge sind in einem Korrekturspeicher abgelegt. Sie werden den Werkzeugen 01 bis 99 (Ziffer 1 und 2 der Werkzeugnummer) und den Korrekturnummern 01 bis 06 (Ziffer 3 und 4 der Werkzeugnummer) zugeordnet und mit dem Wekzeugaufruf aktiviert. Werte für Freistiche sind in einem Technologiespeicher abgelegt.

Wegbedingungen
- G00 Positionieren im Eilgang (Punktsteuerverhalten)
- G01 Geraden-Interpolation
- G02 Kreis-Interpolation im Uhrzeigersinn
- G03 Kreis-Interpolation im Gegenuhrzeigersinn
  I- und K-Werte sind für G02 und G03 inkremental anzugeben
- G40* Aufheben der Werkzeugkorrektur
- G41 Schneidenradiuskorrektur, links der Kontur
- G42 Schneidenradiuskorrektur, rechts der Kontur
- G81..G89 Drehzyklen (Erläuterung rechts)
- G90* Absolute Maßangabe
- G91 Inkrementale Maßangabe
- G92 Drehzahlbegrenzung
- G94 Vorschubgeschindigkeit in mm/min
- G95* Vorschub in mm (je Umdrehung)
- G96 Konstante Schnittgeschwindigkeit
- G97* Spindeldrehzahl (Umdrehungsfrequenz) in min^{-1}

Zusatzfunktionen
- M03 Spindeldrehrichtung im Uhrzeigersinn
- M04 Spindeldrehrichtung gegen Uhrzeigersinn
- M05 Spindel HALT
- M08 Kühlschmiermittel EIN
- M09 Kühlschmiermittel AUS
- M17 Unterprogrammende
- M30 Programmende mit Rücksetzen

Programmaufbau
- % Beginn des Hauptprogramms
- L Beginn des Unterprogramms

Unterprogramme werden durch den Buchstaben L, die Nummer des Unterprogramms und die Anzahl der Wiederholungen aufgerufen.
Beispiel: L0102 bedeutet: Unterprogramm Nr. 01 zweimal auszuführen.

Informationen zum Rohteil
Das Rohteil besteht aus einer Rundstahlstange ø70. Sie ist in einem Dreibackenfutter mit einer zulässigen Drehzahl von 2400 min^{-1} gespannt. Die Spannlänge beträgt ca. 160 mm. Der Werkstücknullpunkt ist ca. 2 mm von dem rechten Werkstückende einprogrammiert. Am Ende der Drehbearbeitung wird das Werkstück von der Stange abgestochen.

*Einschaltzustand der Maschine

Drehzyklen

G81 Abspanzyklus längs gegen Absatz[1]
- X Fertigdurchmesser
- Z Koordinate Punkt B
- H Z-Wert von Punkt C
- R Anfangsdurchmesser
- D Zustellung je Schnitt
- P Bearbeitungszugabe X
- Q Bearbeitungszugabe Z

G82 Abspanzyklus längs gegen Radius[1]
- X Fertigdurchmesser
- Z Z-Wert von Punkt B
- H Z-Wert von Punkt C
- R Anfangsdurchmesser
- D Zustellung je Schnitt
- P Bearbeitungszugabe X
- Q Bearbeitungszugabe Z
- I Abstand Kreisanfangspunkt-Kreismittelpunkt in X-Richtung (inkremental)
- K Abstand Kreisanfangspunkt-Kreismittelpunkt in Z-Richtung (inkremental)

G83 Gewindezyklus
- X Gewinde-Außendurchmesser
- Z Z-Werte von Punkt B
- F Gewindesteigung (P)
- H Gewindetiefe
- D Anzahl der Schnitte
- S Z-Wert von Punkt S (nach Diagramm zu ermitteln)

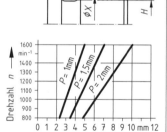

Hinweis:
Für ein Rechtsgewinde ist der Gewindedrehmeißel mit der Schneidkante nach unten gespannt. Als Drehrichtung der Arbeitsspindel muss RECHTS gewählt werden.

G88 Längsdrehzyklus mit Freistich DIN 509-E
Vor dem Ende des Längsweges wird ein Freistich DIN 509 Form E angebracht. Die Freistichmaße werden aus dem Technologiespeicher der Steuerung abgerufen.

[1] Der Start- und Endpunkt für den Zyklus liegt in X-Richtung um den Sicherheitsabstand von ca. 2 mm vor der momentanen Kontur.

6 Bohrvorrichtung
Aufgabe 15

NC-Drehprogramm für Bolzen

N	G	X	Z	I	K	D	H	R	P	Q	F	S	T	M
N01	G92											S2400		
N02	G96													
N03	G00	X72	Z0.2											M08
N04	G01	X-1.6												
N05	G00	X70	Z2											
N06		X60	Z-130											
N07	G81					D5		R70	P0.5	Q0				
N08	G81	X25	Z-90			D5		R30	P0.5	Q0.2				
N09	G82					D5			P0.5	Q0.2				M09
N10	G00	X150	Z100			D5			P0.5	Q0.2				M05
N11	G96										F0.1	S350	T0202	
N12	G00	X-0,8	Z0.5											M04
N13	G42													
N14	G01		Z0											M08
N15		X8	Z-1											
N16		X10												
N17			Z-36.4											
N18														
N19	G01	X19.97	Z-40.5											
N20		X24.97	Z-90											
N21	G88	X24.97												
N22	G01													
N23														
N24														
N25														
N26														
N27														
N28			Z-130											M09
N29	G00	X150	Z100											M05
N30													T0307	
N31	G00	X27	Z-61											M04
N32	G01	X17												M08
N33	G00	X27												
N34			Z-65											

Blatt 37

6 Bohrvorrichtung
Aufgabe 15 (Fortsetzung NC-Programm))

NC-Drehprogramm für Bolzen (Fortsetzung)

N	G	X	Z	I	K	D	H	R	P	Q	F	S	T	M
N35	G01	X17												
N36	G00	X27												
N37			Z-59											
N38	G42													
N39	G01	X24.97	Z-60											
N40		X23												
N41		X18.2												
N42		X15	Z-61.6	10	K-1.6									
N43	G01		Z-64											
N44	G40													
N45	G00	X27											T0308	
N46			Z-71											
N47	G41													
N48	G01	X24.97	Z-70											
N49		X23												
N50		X18.2												
N51														
N52	G01		Z-66.6											
N53	G40													
N54	G00	X27												
N55		X150	Z100								F1.5	S1200	T0505	M09
N56														M05
N57	G00	X10	Z5			D8								
N58	G83													M08
N59														
N60	G00	X30	Z-87											
N61						D5	H0.46				F0.75			
N62														
N63	G00	X150	Z100											M09
N64	G96													M05
N65	G00	X72	Z-125								F0.2	S160	T0404	
N66	G01	X-1												M08
N67	G00	X150	Z100											

Blatt 38

6 Bohrvorrichtung
Aufgabe 16

16 Grundplatte

Die Bohrvorrichtung soll konstruktiv so geändert werden, dass zukünftig die Grundplatte und die Bohrplatte nicht mehr mit dem Steg verschweißt sondern verschraubt werden.

Erstellen Sie zunächst eine veränderte Teilzeichnung der Grundplatte (Pos. 1) mit einer 5 mm tiefen Tasche für den Steg (Pos. 3).

Berücksichtigen Sie bei Ihrem Entwurf, dass die Grundplatte NC-gefertigt werden kann.

6 Bohrvorrichtung
Aufgabe 17

17 NC-Programm Grundplatte

Erstellen Sie das NC-Programm zur Fertigung der Grundplatte (Pos. 1) in folgenden Schritten:
- Bohren
- Taschenzyklus
- Außenkontur

In einer zweiten Aufspannung wird der Steg auf der Unterseite der Grundplatte gefräst.

a) Erzeugen Sie mit Hilfe einer NC-Software ein Einrichteblatt, drucken es aus und kleben Sie es auf dieser Seite auf.

b) Ergänzen Sie das NC-Programm

Hinweis: Die Musterprogramme müssen in jedem Fall vor dem Zerspanen auf Richtigkeit überprüft werden. Für die vorliegenden Programme wird keine Gewähr übernommen, dass sie fehlerfrei umgesetzt werden können.

Einrichteblatt für Oberseite und Unterseite der Grundplatte:

6 Bohrvorrichtung
Aufgabe 17

NC-Fräserprogramm für Grundplatte, Oberseite

N	G	X	Y	Z	I	J	F	S	O	Q	T	M	Bemerkungen
N0005	G54												Linke obere Ecke des Werkstückes
N0010				Z+150.000									
N0015							F0120.000					M06	
N0020	G00	X+130.000	Y-030.000	Z+000.000								M03	
N0025	G01			Z-008.000									
N0030	G01		Y+000.000										
N0035													
N0040													
N0045													
N0050	G01		Y+075.000										
N0055													
N0060	G01	X+100.000											
N0065													
N0070	G01		Y+010.000										
N0075	G01	X+100.000	Y+000.000										
N0080													
N0085	G00 G40												
N0090	G00			Z+025.000									
N0095		X+000.000	Y+000.000	Z-008.000									
N0100													
N0105	G54			Z+005.000									Nullpunktverschiebung
N0110	G00												Programmteilwiederholung
N0115	G59		Y+012.500										Nullpunkt
N0120	G00	X+000.000	Y+100.000										
N0125				Z-005.000									
N0130													
N0135	G01	X+012.500											
N0140													
N0145	G01	X+087.500											
N0150	G01												
N0155													
N0160	G01		Y+095.000										
N0165													
N0170	G54												
N0175								S0001	O0049	Q0067			
N0180	G00			Z+150.000									
N0185													

Blatt 41

6 Bohrvorrichtung
Aufgabe 17

NC-Fräserprogramm für Grundplatte, Unterseite

N	G	X	Y	Z	K	D	F/W	S/A	T/B	M	Bemerkungen
N0005	G54	X+191.500	Y+155.500	Z+145.000							(li. ob. Ecke des Werkstücks)
N0010	G00			Z+150.000							
N0015									T0404		
N0020	G00	X+140.000	Y+017.000	Z+000.000							
N0025											
N0030	G01	X−040.000									
N0035	G00		Y+052.000								
N0040											
N0045	G00		Y+075.000								
N0050	G01	X−030.000									
N0055											
N0060	G00		Y+040.000								
N0065	G00	X+140.000									
N0070	G00		Y+045.000								
N0075											
N0080	G00			Z+150.000							
N0085							F0050.000	S3000		M06	
N0090										M08	
N0095											Bohrzyklus
N0100											
N0105	G79	X+032.500	Y+012.500	Z−002.500							
N0110	G00			Z+150.000						M09	
N0115	G59		Y+012.500						T0303	M06	
N0120										M03	
N0125	G83										
N0130	G79	X+077.000	Y+012.500	Z−002.500							
N0135											
N0140	G00	X+150.000								M09	
N0145											

Blatt 42

7 Spannwerkzeug
Gesamtzeichnung, Stückliste

Funktionsbeschreibung
Bei einer Großserie von Kreuzgriffen muss jeweils die Planfläche bearbeitet sowie ein Schlitz und eine Bohrung gefertigt werden. Zum raschen Ein- und Ausspannen der Werkstücke wurde die dargestellte Spannvorrichtung konstruiert.

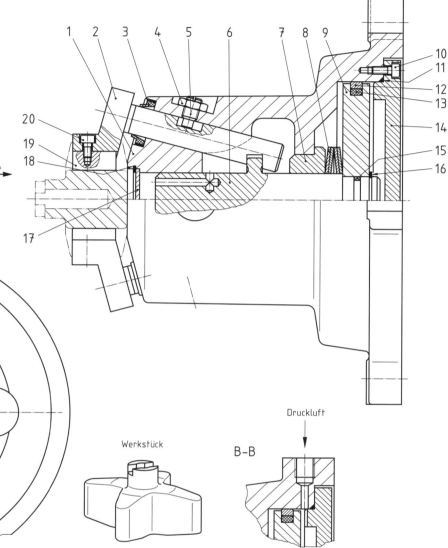

Pos. Nr.	Menge/Einheit	Benennung	Werkstoff/Norm-Kurzbezeichnung
1	1	Gehäuse	EN-GJL-350
2	4	Spannbacken	34CrMo4
3	4	Abstreifring	15 x 25 x 5 - NBR
4	4	Sechskantmutter	ISO 4035 - M8 - St
5	4	Gewindestift	ISO 7435 - M8 x 16 - St
6	1	Welle	16MnCr5
7	1	Lagerbuchse	C35
8	4	Tellerfeder	DIN 2093 - C56
9	1	Kolben	E335
10	6	Zylinderschraube	ISO 4762 - M4 x 10 - 8.8
11	1	O-Ring	DIN 3770 - 125 x 1,5B - NBR 70
12	1	Gleitring	S55044 - 1250 - PTFE
13	1	O-Ring	DIN 3770 - 110 x 6B - NBR 70
14	1	Deckel	S235JR
15	1	O-Ring	DIN 3770 - 20,2 x 3B - NBR 70
16	1	Sicherungsring	DIN 471 - 25 x 1,2
17	1	Scheibe	DC01
18	1	Sicherungsring	DIN 472 - 32 x 1,2
19	4	Spannteil	C15
20	4	Zylinderschraube	ISO 4762 - M4 x 8 - 8.8

Blatt 43

Name: Klasse: Datum:

7 Spannwerkzeug
Aufgaben 1 und 2

1 Befestigungselemente
Die Spannvorrichtung muss mit der Werkzeugmaschine verbunden werden.
Bestimmen Sie die möglichen Befestigungselemente zur Befestigung der Vorrichtung auf der Werkzeugmaschine und die Normbezeichnungen und Abmessungen der gewählten Befestigungselemente.

2 Funktionsbeschreibung
Zum Bearbeiten müssen die Kreuzgriffe in der Vorrichtung gespannt werden.
a) Beschreiben Sie den Spannvorgang.
b) Kennzeichnen Sie alle Bauteile der Vorrichtung, die sich beim Ausspannen eines Werkstückes bewegen, mit roter Farbe.

a)

b)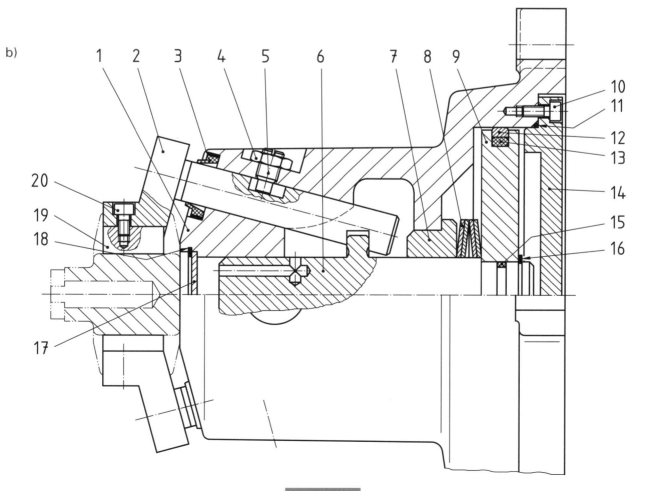

Blatt 44

| Name: | Klasse: | Datum: |

7 Spannwerkzeug
Aufgaben 3 bis 5

3 Richtungstoleranz
In der Gehäusezeichnung (Pos. 1) ist zur Gewährleistung der Funktion eine Richtungstoleranz eingetragen.
Erklären Sie die ① bis ③ gekennzeichneten Einträge.

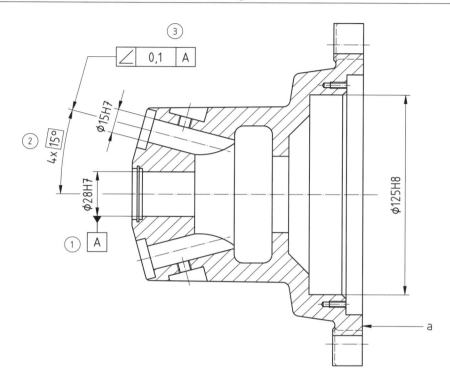

4 Form- und Lagetoleranz
Form- und Lagetoleranzen werden nur eingetragen, wenn sie wegen der Funktion, der Austauschbarkeit oder aus Fertigungsgründen erforderlich sind.
Erklären Sie, warum z.B. für die gekennzeichnete Fläche a keine Lauftoleranz eingetragen ist, obwohl die Fläche a zur Bezugsachse A aus Funktionsgründen keinen „Schlag" haben darf.

5 Gusswerkstoff
Das Gehäuse (Pos. 1) wird aus EN-GJL-350 hergestellt.
a) Welchen Hauptvorteil hat die Verwendung dieses Werkstoffs?
b) Kennzeichnen Sie alle Flächen, Kanten und Umrisslinien im oben dargestellten Gehäuse, die Ihrer Ansicht nach spanend bearbeitet werden müssen.

a) _____

7 Spannwerkzeug
Aufgabe 6

6 Prüfeinrichtung

Die Einhaltung der in der Aufgabe 3 eingetragenen Richtungstoleranz für das Gehäuse (Pos. 1) soll nach der Fertigung mit Hilfe eines Sinus-Lineals geprüft werden.

a) Skizzieren Sie für das gegebene Gehäuse eine Prüfeinrichtung.
b) Berechnen Sie mit Hilfe einer Skizze die Gesamthöhe E der erforderlichen Endmaße, wenn das Sinuslineal $L = 100$ mm lang ist.
c) Bestimmen Sie die zu verwendende Endmaß-Kombination.

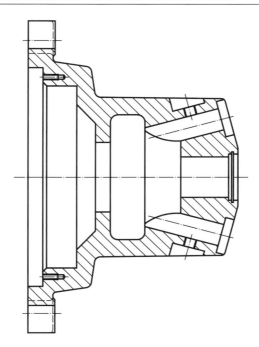

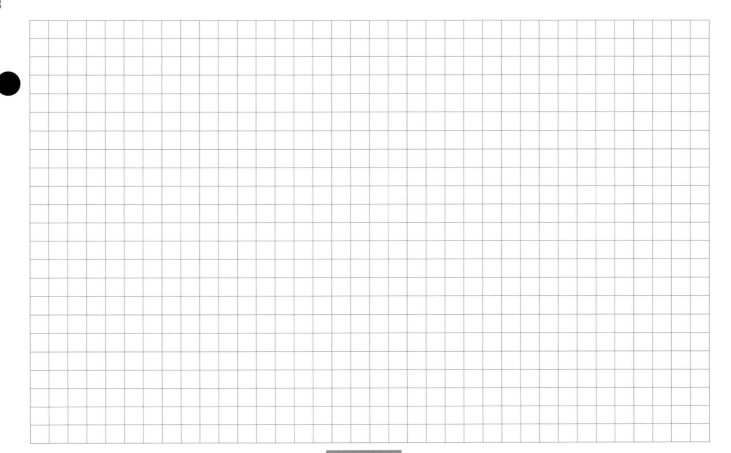

7 Spannwerkzeug
Aufgabe 7

7 Teilzeichnung

Erstellen Sie eine normgerechte Einzelteilzeichnung der Welle (Pos. 6)

Der Wellenbund besitzt einen Durchmesser von 45 mm und eine Breite von 8-0,1 mm. Sein Abstand zur rechten Wellen-Planseite beträgt 60 mm. Der Fuß des Wellenbundes ist beidseitig mit Radius 3 um 0,75 mm hinterdreht. Die Wellendurchmesser für die Aufnahme in den Pos. 1 und 7 betragen jeweils 28g6. Der Durchmesser zur Aufnahme von Pos. 9 ist 25f7; er ist 20 mm lang.

Die Fasen an den Wellenenden müssen einsatzgehärtet und angelassen werden. Der Härtewert muss mindestens 650 HV und darf höchstens 750 HV betragen (Prüfkraft 490 N). Die Einhärtung muss mindestens 0,8 mm und darf höchstens 1,2 mm tief sein.

Die Breite von Pos. 9 beträgt 14-0,1 mm. Der Einstich zur Befestigung von Pos. 9 auf der Welle (Pos. 6) muss so bemaßt werden, dass das Axialspiel höchstens 0,2 mm und die Maßtoleranz 0,1 mm betragen. Der Einstich für Pos. 15 liegt in der Mitte von Pos. 9. Er ist 3,9+0,2 mm breit und 2,3 mm tief. Sein Einstechdurchmesser erhält die Toleranzklasse h9. Alle Außen- und Innenkanten des Einstichs sind mit R = 0,5 gerundet.

Die Achsen der beiden Bohrungen ø4 auf der linken Seite liegen 8 mm exentrisch bzw. 28 mm von der linken Planseite entfernt. Sie sind 33 bzw. 10 mm tief.

Zum Schleifen sind Zentrierbohrungen der Form A mit d_1 = 3,15 mm erforderlich, die am Fertigteil verbleiben müssen. Bei geschliffenen Oberflächen darf der Rz-Wert höchstens 6,3 µm groß sein. Bei allen anderen Flächen (spanend hergestellt) darf der Rz-Wert bis zu 16 µm betragen.

Die Allgemeintoleranzen richten sich nach ISO 2768, Toleranzklasse mittel.

7 Spannwerkzeug
Aufgaben 8 bis 11

8 Arbeitsplan
Die Welle (Pos. 6) soll auf einer konventionellen Werkzeugmaschine gefertigt werden.
Entwerfen Sie einen Arbeitsplan zur Herstellung der Welle.

Arbeitsplan zur Fertigung der Welle (Pos. 6)		
Nr.	Arbeitsschritt	Werkzeuge, Messgeräte

9 Werkstoff
Für die Welle (Pos. 6) ist der Werkstoff 16MnCr5 vorgesehen. Er ist jedoch im Materiallager nicht vorhanden.
Ermitteln Sie mit Hilfe des Tabellenbuches zwei Ersatzwerkstoffe mit ähnlichen Eigenschaften.

10 Werkzeugmaschine
Im Gehäuse (Pos. 1) müssen die Bohrungen 15H7 gefertigt werden.
Auf welcher Werkzeugmaschine und mit welcher Hilfseinrichtung würden Sie dies Bohrungen fertigen?

11 Normteile
Nicht alle Bauteile, die zur Herstellung der Spannvorrichtung benötigt werden, werden in Ihrem Betrieb hergestellt.
a) Welche Bauteile werden nicht in Ihrem Betrieb gefertigt, sondern hinzugekauft?
   Geben Sie jeweils nur die Pos.-Nummern der Bauteile an.
b) Nennen Sie Gründe, warum diese Bauteile nicht in Ihrem Betrieb gefertigt werden.

a)

b)

7 Spannwerkzeug
Aufgaben 12 und 13

12 Tellerfedern

Durch die Tellerfedern (Pos.8) wird die Welle (Pos. 6) nach rechts verschoben.

a) Ermitteln Sie mit Hilfe des abgebildeten Diagramms, mit welcher Kraft F die Welle beim Spannen der Werkstücke nach rechts gedrückt wird, wenn die Federn um jeweils 0,5 mm zusammengedrückt sind und die Reibungsverluste 15% betragen?

b) Um welches Maß kann die Welle insgesamt verschoben werden, wenn der Federweg pro Tellerfeder konstruktionsbedingt höchstens 1,4 mm betragen kann?

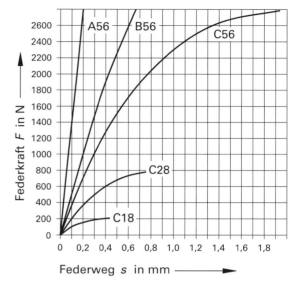

Tellerfedern DIN 2093

a)

b)

13 Kräfte

Die Axialkraft in der Welle (Pos. 6) muss auf die Spannbacken (Pos. 2) übertragen werden.

a) Wie wird die Welle im Gehäuse (Pos. 1) geführt?

b) Durch die axiale Bewegung der Welle (Pos. 6) wird der Spanndurchmesser der Spannteile (Pos. 20) verändert. Wie groß ist die Durchmesseränderung im Spannbereich, wenn jede Tellerfeder (Pos. 10) einen Weg von 1,2 mm zurücklegt?

c) Ermitteln Sie rechnerisch die Größe der Spannkraft, wenn die Federkraft 2500 N, der Weg pro Tellerfeder 1,2 mm und die Reibungsverluste 25 % betragen.

a)

7 Spannwerkzeug
Aufgaben 14 bis 17

14 Kolbenkraft

Der Kolben (Pos. 9) überträgt die Kraft auf die Welle (Pos. 6)

a) Ermitteln Sie mit Hilfe des auf Blatt 49 abgebildeten Diagramms, wie groß der theoretische Druck p im Druckluftnetz zum Öffnen der Spannbacken mindestens sein muss. Die Tellerfedern können konstruktionsbedingt jeweils um maximal 1,4 mm ($\widehat{=}$ Federweg) verformt werden.

b) Prüfen Sie rechnerisch nach, ob die Spannvorrichtung bei einem Druck p = 6 bar betrieben werden kann, wenn der Gesamtwirkungsgrad η = 0,72 beträgt.

a) _____

b) _____

15 Funktion von Bauteilen

In das Gehäuse (Pos. 1) werden u.a. Gewindestifte (Pos. 5), eine Lagerbuchse (Pos. 7) und eine Scheibe (Pos. 17) eingebaut.

a) Welche Aufgabe haben die Gewindestifte (Pos. 5)?
b) Wozu ist die Lagerbuchse (Pos. 7) erforderlich?
c) Aus welchem Grund wird die Scheibe (Pos. 17) eingebaut?

a) _____

b) _____

c) _____

16 Bohrungen

In der Welle (Pos. 6) befinden sich auf der linken Seite zwei Bohrungen.

a) Aus welchem Grund sind diese Bohrungen vorhanden?
b) Wie könnte durch eine Konstruktionsänderung auf diese Bohrungen verzichtet werden? Machen Sie zwei Vorschläge.

a) _____

b) _____

17 Skizze

Die Scheibe (Pos. 17) verschließt die Bohrung ø 28H7 des Gehäuses (Pos. 1).

Skizzieren Sie die obere Hälfte des Gehäusebereiches, in dem sich die Pos. 17 und 18 befinden (Teilschnitt) und tragen Sie die erforderlichen Maße ein (Maßstab der Skizze ca. 2:1).

Der Bohrungsdurchmesser zur Aufnahme von Pos. 17 beträgt 32H9, die Bohrungstiefe 7 mm. Die Scheibe (Pos. 17) ist 2-0,2 mm dick.

7 Spannwerkzeug
Aufgabe 18

18 Montageplanung

Im Rahmen einer Mitarbeiterschulung ist der Montageablauf der Spannvorrichtung zu veranschaulichen. Hierzu wurden die einzelnen erforderlichen Arbeitsschritte in Stichworten notiert.

a) Übertragen Sie als Vorbereitung einer Gruppenbesprechung die Arbeitsschritte auf geeignete Präsentationskarten.
b) Diskutieren Sie in einer Arbeitsgruppe, welche Montageabfolgen möglich sind und entscheiden Sie sich für eine mögliche Montagefolge.
c) Präsentieren Sie Ihre Montagefolge als Montageplan, indem Sie die Arbeitsschritte durchnummerieren und in eine feste Reihenfolge bringen.

	Montageplan zum Zusammenbau der Spannvorrichtung	
Nr.	Arbeitsschritt	Werkzeug, Hilfsmittel
	Welle Pos. 6 von rechts bis zum Anschlag am Wellenbund in Gehäusebohrung (Pos. 1) einschieben.	
	Spannteile (Pos. 19) und Spannbacken (Pos. 2) mit Zylinderschrauben (Pos. 20) verschrauben.	Winkelschraubendreher SW 3
	O-Ring (Pos. 15) auf Welle (Pos. 6) montieren.	Montage-Konus
	Gefettete Tellerfedern (Pos. 8) auf Welle schieben, Tellerfederlage beachten.	Fett
	Bauteile nach Stückliste auf Vollständigkeit prüfen.	
	Durch gleichzeitige axiale Bewegung von Welle und Spannbacken nach rechts die Spannbacken in das Gehäuse ziehen.	
	Scheibe (Pos. 17) einbauen und mit Sicherungsring (Pos 18) fixieren.	Zange für Sicherungsring
	Montage des O-Ringes (Pos. 13) und des Gleitringes (Pos. 12) in die Nuten des Kolbens (Pos. 9).	Montage-Konus
	Abstreifringe (Pos. 3) in Pos. 1 einsetzen.	
	Kolben (Pos. 9) gegen Tellerfederkraft auf gefettete Welle schieben; mit Sicherungsring (Pos. 16) fixieren.	Spindelpresse, Zwischenlagen, Zange für Sicherungsring, Fett
	Deckel (Pos. 14) unter Berücksichtigung der Nutlage in das Gehäuse einbauen; mit Zylinderschrauben (Pos. 10) befestigen.	Winkelschraubendreher SW 3
	Gefettete Spannbacken (Pos. 2) soweit in Gehäusebohrung schieben, bis Nuten der Spannbacken und Wellenbund übereinander liegen. Lage vorher abmessen; mit Farbstift markieren.	Farbstift
	Durch Eindrehen der Gewindestifte (Pos. 5) Spannbacken fixieren; Gewindestifte durch Sechskantmuttern (Pos. 4) kontern.	Schraubendreher, Steckschlüssel SW 13
	O-Ring (Pos. 11) auf Deckel (Pos. 14) legen.	
	Durch Einbau der Lagerbuchse (Pos. 7) Welle im Gehäuse zentrieren.	Spindelpresse, Fett

7 Spannwerkzeug
Aufgabe 19

19 Montageplanung
Vervollständigen Sie für den in Aufgabe 18, Blatt 51 strukturierten Montageablauf zur weiteren Veranschaulichung den angefangenen grafischen Montageplan (Struktogramm).
Hinweis: Es ist sinnvoll, die Grundstruktur zuerst auf einem Notizblatt zu skizzieren und mit Kollegen zu besprechen.

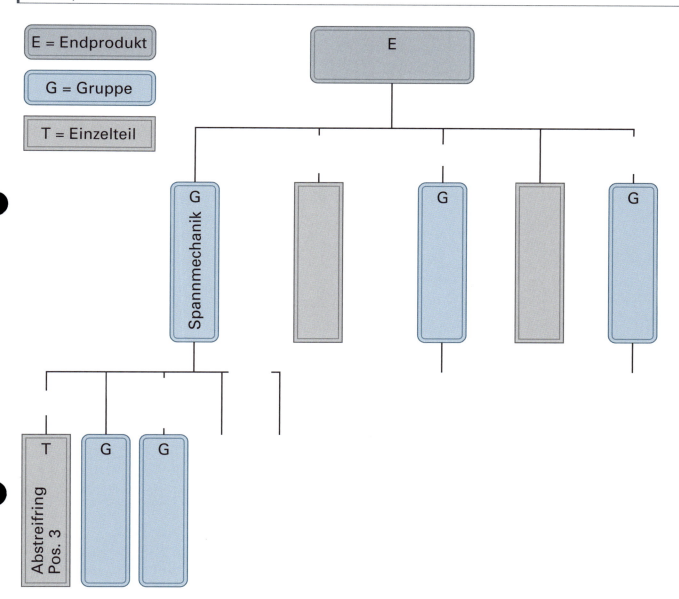

8 Kniehebelpresse
Gesamtzeichnung, Raumbild

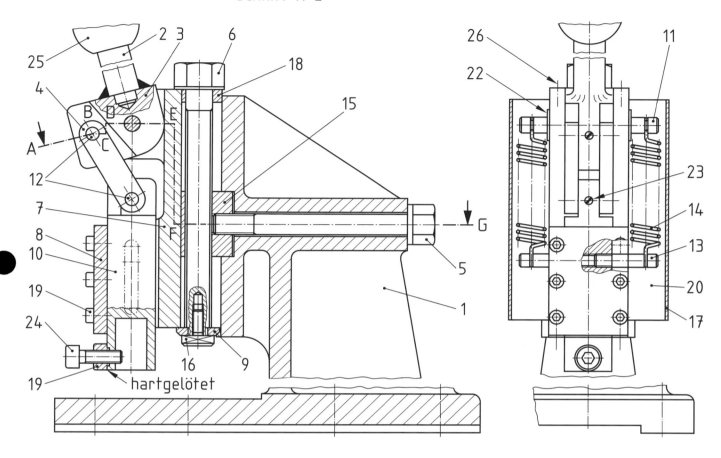

Schnitt H-L

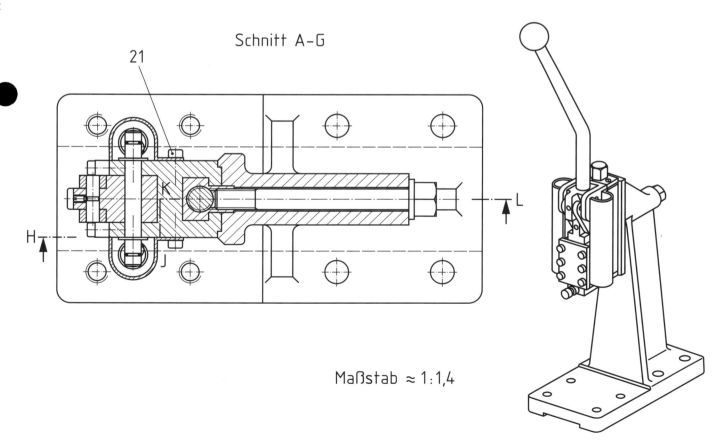

Schnitt A-G

Maßstab ≈ 1:1,4

Blatt 53

8 Kniehebelpresse
Explosionsdarstellung

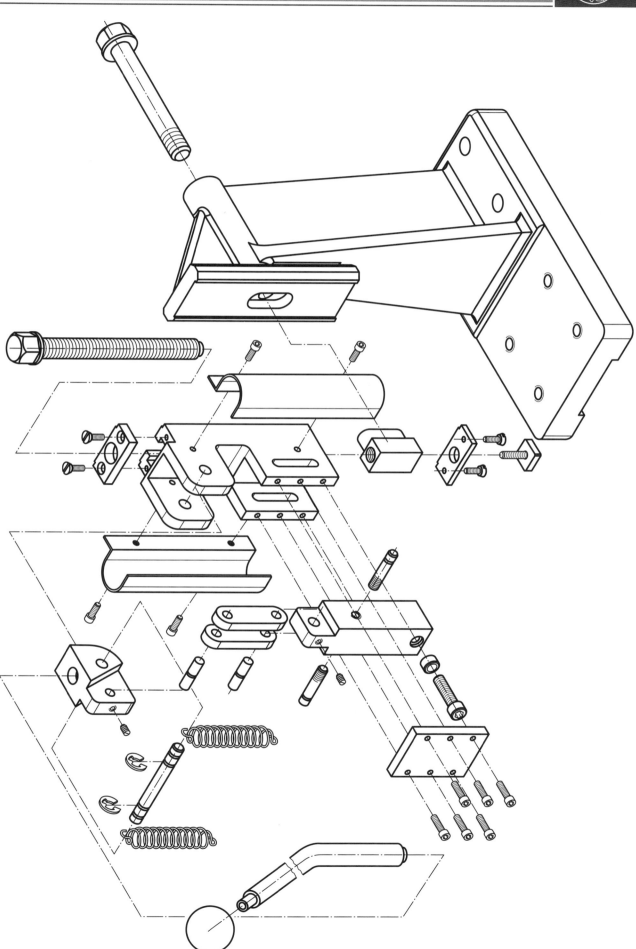

Blatt 54

Name: Klasse: Datum:

8 Kniehebelpresse
Stückliste, Aufgabe 1

1 Normteilebenennungen, Norm-Kurzbezeichnungen
a) Vervollständigen Sie in der Stückliste die Benennungen der Normteile Pos. 20 bis Pos. 26.
b) Erläutern Sie die Norm-Kurzbezeichnungen der Pos. 14 und Pos. 17

Pos. Nr.	Menge/ Einheit	Benennung	Werkstoff/Norm-Kurzbezeichnung	Bemerkung
1	1	Gestell	EN-GJL-250	
2	1	Hebel	11SMn30	Ø12 × 210 EN 10278
3	1	Hebelstück	S235JRC+C	25 × 20 × 37 EN 10278
4	2	Leiste	C45E	5 × 12 × 42 EN 10278
5	1	Sechskantschraube	10SPb20+C	M8 / Ø16 × 88 EN 10278
6	1	Sechskantschraube	10SPb20+C	M10 / Ø18 × 112 EN 10278
7	1	Führung	S235JRC+C	32 × 50 × 98 EN 10278
8	1	Deckplatte	S235JRC+C	5 × 32 × 45 EN 10278
9	1	Abschlussplatte	S235JRC+C	3 × 16 × 32 EN 10278
10	1	Stempelaufnahme	S235JRC+C	20 × 20 × 75 EN 10278
11	1	Bolzen	C105U	Ø6 × 55
12	2	Bolzen	C105U	Ø5 × 20
13	2	Gewindebolzen	11SMn30	Ø5 × 25 EN 10278
14	2	Zugfeder	EN 10270-1 DM 1,0 ph	1 × 10 × 50
15	1	Nutenstein	S235JRC+C	20 × 25 × 16 EN 10278
16	1	Vierkantschraube	S235JRC+C	M4 / □12 × 18 EN 10278
17	2	Schutzblech	EN 10130 - DC03 - B - g	1 × 130 × 50
18	1	Abdeckplatte	S235JRC+C	5 × 16 × 30 EN 10278
19	1	Buchse	10SPb20+C	Ø8 × 10 EN 10278
20	6		ISO 4762 - M3 × 10 - 8.8	
21	4		ISO 4762 - M3 × 6 - 8.8	
22	2		DIN 6799 - 5	
23	2		ISO 7434 - M3 × 4	
24	1		ISO 4762 - M5 × 20 - 8.8	
25	1		DIN 319 - C25 PF	
26	4		ISO 2090 - M3 × 10	

EN 10270-1 DM 1,0 ph: _____

EN 10130 - DC03 - B - g: _____

Blatt 55

8 Kniehebelpresse
Aufgabe 2 und 3

2 Gesamtfunktion
a) Beschreiben Sie wie die Kniehebelpresse beim Umrüsten auf eine niedrigere Arbeitshöhe eingestellt werden kann.
b) Beschreiben Sie einen kompletten Arbeitshub der Kniehebelpresse mit Nennung der daran beteiligten Bauteile und Positionsnummern.

a)

b)

3 Teilfunktionen
a) Wodurch wird die funktionsgerechte Lage der beiden Leisten Pos. 4 gewährleistet?
b) Wozu dienen die Gewindestifte Pos. 23?
c) Wozu dient die eingelötete Buchse Pos. 19?

a)

b)

c)

8 Kniehebelpresse
Aufgabe 4 und 5

4 Stempelweg
Berechnen Sie anhand der Maßangaben der verkleinerten Detailansicht den maximalen Arbeitshub der Kniehebelpresse während einer Schwenkbewegung des Hebels. Zeichnen Sie zur Veranschaulichung des Lösungsweges das hierzu erforderliche Berechnungsdreieck für die obere Endlage und die Lage der Gelenkpunkte für die untere Endlage.

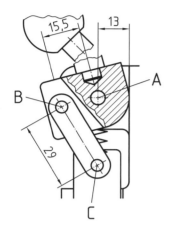

Obere Endlage　　　　　　　　　Untere Endlage

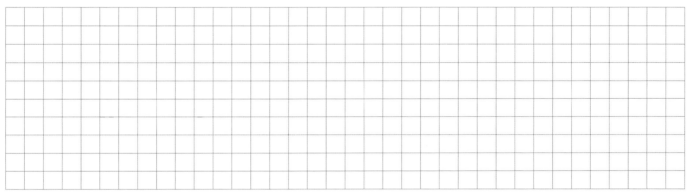

5 Wirksame Hebellängen
a) Berechnen Sie die wirksame Hebellänge L_H für die Handkraft F_H.
b) Um welchen Winkel α muss der Hebel aus der Nulllage geschwenkt werden, bis der Winkel β 90° wird und damit die wirksame Hebellänge der Leistenkräfte F_L maximal wird?

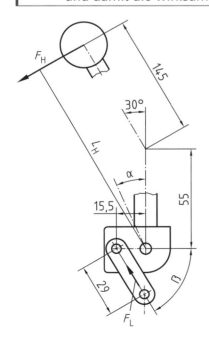
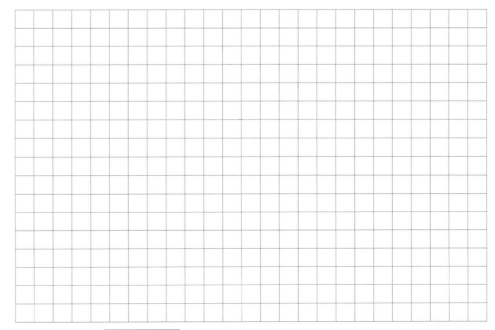

Blatt 57

8 Kniehebelpresse
Aufgabe 6 und 7

6 Stempelkraft und -geschwindigkeit
Wie verhalten sich Stempelkraft und Stempelgeschwindigkeit, wenn der Hebel mit gleichbleibender Handkraft und -geschwindigkeit nach unten bewegt und der Wirkwinkel der Handkraft zum Hebel mit ca. 90° beibehalten wird und die Federkräfte unberücksichtigt bleiben?

7 Stempelkraft
a) Ermitteln Sie zeichnerisch die Kraft in den Leisten und im Lagerbolzen, wenn die Handkraft 100 N beträgt. Zeichnen Sie hierzu als Vorüberlegung die Wirklinien der Kräfte in den Lageplan ein. Kräftemaßstab 100 N/cm.
b) Ermitteln Sie anhand der Leistenkräfte die an der Stempelaufnahme auftretende seitliche Stützkraft und die Stempelkraft. Kräftemaßstab 100 N/cm.

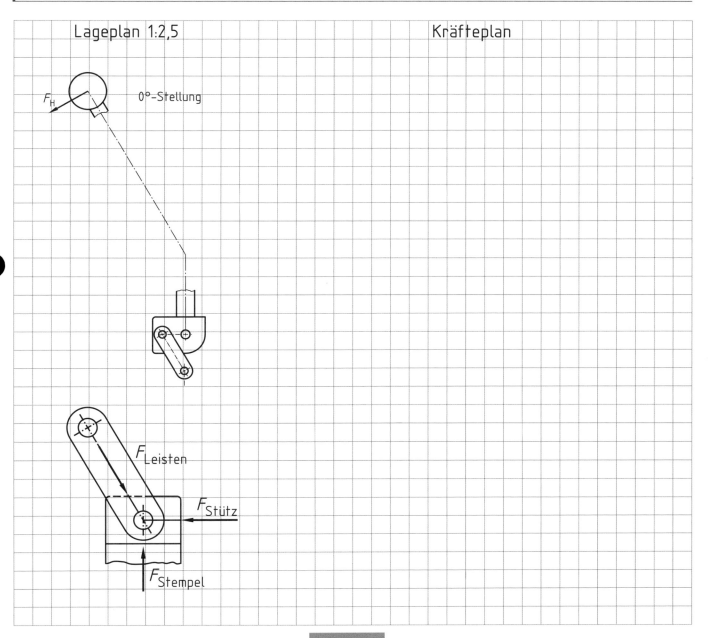

Blatt 58

Name: **Klasse:** **Datum:**

8 Kniehebelpresse
Aufgabe 8

8 Einzelteilzeichnung

Erstellen Sie eine normgerechte Einzelteilzeichnung des Hebelstücks Pos. 3 mit allen erforderlichen Fertigungsangaben im Maßstab 2:1. Die Abmessungen sind der Gesamtzeichnung Blatt 53 und der Stückliste Blatt 55 zu entnehmen.

a) Für die Passbohrungen sind funktionsgerechte ISO-Toleranzklassen festzulegen.
b) Die Passbohrungen dürfen einen Rz-Wert von 6,3 µm nicht überschreiten, alle übrigen Flächen dürfen einen Rz-Wert von 25 µm, materialabtragend bearbeitet, nicht überschreiten.
c) Maße ohne Toleranzangaben sind nach ISO 2768 mit der Toleranzklasse mittel auszuführen.
d) Alle Kanten müssen mit 0,5 x 45° gefast werden.
e) Tragen Sie die Grenzabmaße in die Abmaßtabelle ein.

8 Kniehebelpresse
Aufgabe 9

9 Einzelteilzeichnungen

a) Erstellen Sie normgerechte Einzelteilzeichnungen mit allen erforderlichen Fertigungsangaben für die Bolzen Pos. 11 und Pos. 12. Beide Bolzen müssen wegen der Verschleißbeanspruchung einen Rockwell-Härtewert-C von mindestens 56 und maximal 60 aufweisen. Die Dicke der Sicherungsscheibe Pos. 22 beträgt 0,7 mm. Alle weiteren Maße sind der Gesamtzeichnung und Stückliste zu entnehmen.

b) Erstellen Sie normgerechte Einzelteilzeichnungen mit allen erforderlichen Fertigungsangaben für die Gewindebolzen Pos. 13, die Vierkantschraube Pos. 16 und die Sechskantschraube Pos. 6. Die Oberflächen der Teile dürfen eine R_z-Obergrenze von 25 μm nicht überschreiten und müssen brüniert werden.

a)   Teil 11 C105U   2:1   Teil 12 C105U   2:1

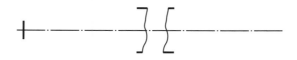

b)   Teil 13 11SMn30   2:1   Teil 16 S235JRC+C   2:1

Teil 6 10SPb20+C   1:1

8 Kniehebelpresse
Aufgabe 9

10 Isometrische Freihandskizzen
Erstellen Sie anhand der verkleinerten Einzelteilzeichnungen isometrische Freihandskizzen mit allen erforderlichen Fertigungsangaben für die Deckplatte Pos. 8 (Maßstab ≈ 1:1), die Leisten Pos. 4 und die Platte Pos. 9 (Maßstab ≈ 2:1).

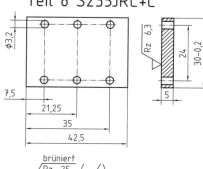

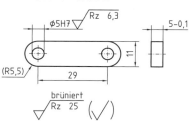

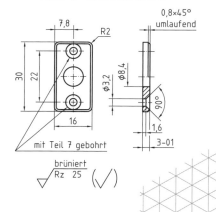

Blatt 61

9 Schaltungsunterlagen
Aufgabe 1

1 Pneumatische Pressensteuerung 1

Der Prägestempel einer Presse soll wahlweise von zwei Stellen aus gestartet werden können. Beim Erreichen der Endlage soll der Kolben wieder in seine Ausgangslage zurückfahren.

a) Ergänzen Sie den Schaltplan.
b) Schreiben Sie den zugehörigen ausführlichen Funktionsplan.
c) Erstellen Sie eine Funktionstabelle für das erforderliche Verknüpfungselement.
d) Tragen Sie die Schaltalgebragleichung, die Logikbezeichnung und die Ventilbezeichnung für das Verknüpfungselement ein.

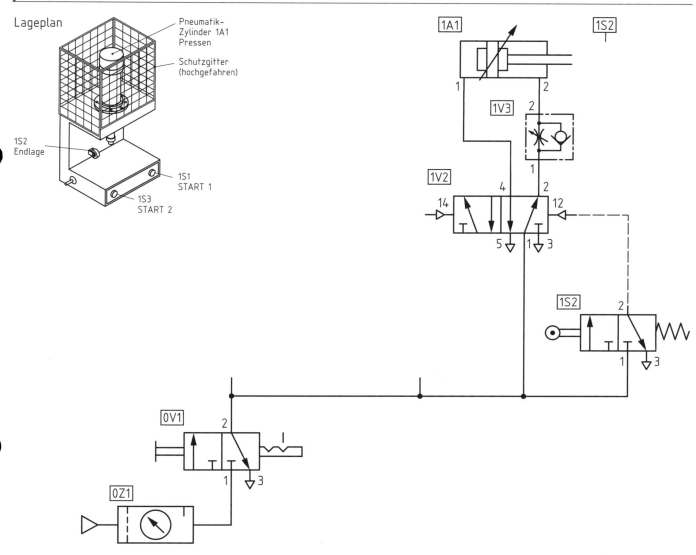

Blatt 62

9 Schaltungsunterlagen
Aufgabe 2

2 Pneumatische Pressensteuerung 2

Der Prägestempel einer Presse soll nur ausfahren können, wenn ein Schutzgitter geschlossen ist und ein Startsignal gegeben wird. Beim Erreichen der Enlage soll der Kolben wieder in seine Ausgangslage zurückfahren. Für die Schaltung steht ein 5/2-Wegeventil mit beidseitiger pneumatischer Betätigung zur Verfügung.

a) Ergänzen Sie den Schaltplan.
b) Schreiben Sie den zugehörigen ausführlichen Funktionsplan.
c) Erstellen Sie eine Funktionstabelle für das erforderliche Verknüpfungselement.
d) Tragen Sie die Schaltalgebragleichung, die Logikbezeichnung und die Ventilbezeichnung für das Verknüpfungselement ein.

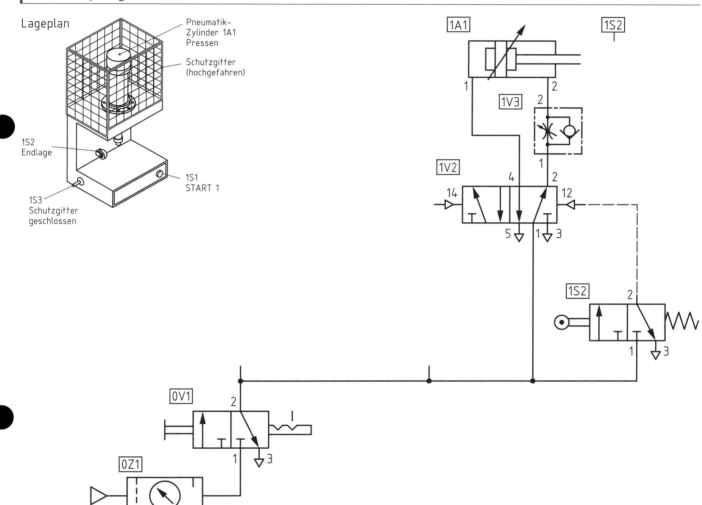

9 Schaltungsunterlagen
Aufgabe 3

3 Pneumatische Pressensteuerung 3

Der Prägestempel einer Presse darf nur ausfahren, wenn ein Schutzgitter geschlossen ist und ein Startsignal gegeben wird. Beim Erreichen der Endlage oder beim Öffnen des Schutzgitters soll der Kolben wieder in seine Ausgangslage zurückfahren. Für die Schaltung steht ein 5/2-Wegeventil mit Federrückstellung zur Verfügung.

a) Ergänzen Sie den Schaltplan.
b) Zeichnen Sie die Funktionsbausteine für die Verknüpfungssteuerung entsprechend der untenstehenden Belegungsliste.

Belegungsliste zur Pressensteuerung 3				Logik Eingang Ausgang
Bauelement				
Kennziffer	Anchluss	Bezeichnung	Funktion	
1S1	2	3/2-Wegeventil	Signalgeber START	E1
1S3	2	3/2-Wegeventil	Schutzgitterabfrage	E2
1V1	2	3/2-Wegeventil	Signalspeicher	M1
1S2	2	3/2-Wegeventil	Signalgeber Rückhub	E3
1V2	14	5/2-Wegeventil	Stellglied	A1

Funktionsplan für Verknüpfungssteuerung

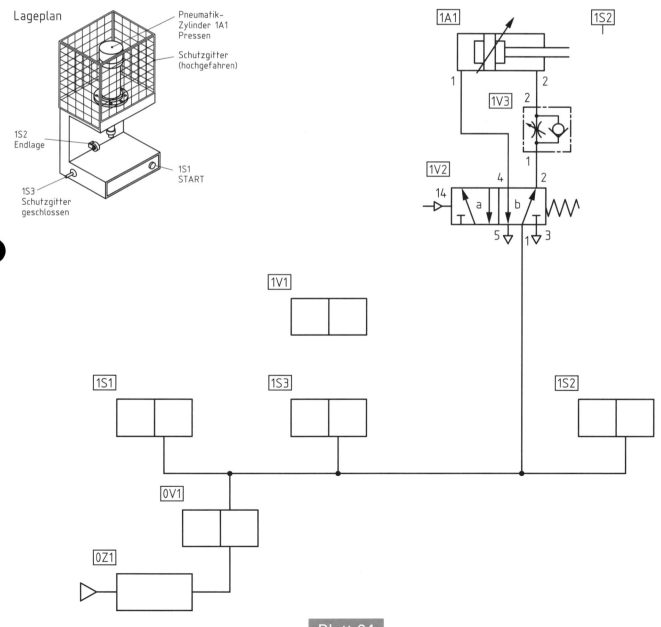

Blatt 64

9 Schaltungsunterlagen
Aufgabe 4

4 Hydraulische Bohrvorrichtung
Zeichnen Sie den Hydraulik-Schaltplan und das vereinfachte Funktionsdiagramm (nur Funktionslinien, keine Signallinien) für die hydraulische Bohrvorrichtung.

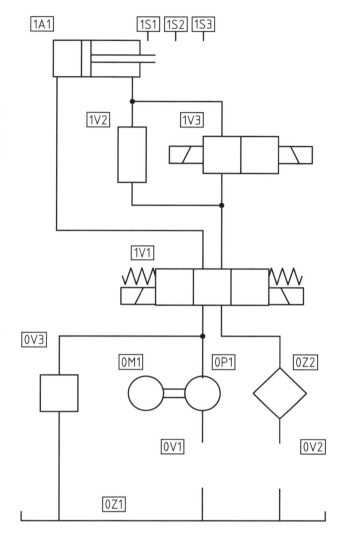

Programmablauf
Nach Betätigen der Starttaste läuft die Bohrspindel an. Der Vorschubzylinder schiebt die Bohreinheit im Eilgang vor; nach 100 mm erfolgt die Umschaltung auf Vorschubgeschwindigkeit. Die Bohrungstiefe ist 50 mm. Nach Erreichen der Endlage fährt die Bohrvorrichtung im Eilgang zurück, die Bohrspindel wird abgeschaltet.

Geschwindigkeiten
Eilgang 6 m/min, Vorschub 300 mm/min

Spindeldrehzahl
340 min^{-1}

Steuerung
Die Ventile werden elektromagnetisch betätigt. Die Geschwindigkeitseinstellung erfolgt über ein 2-Wege-Stromventil, das für den Eilgang durch ein 2/2-Wegeventil umgangen wird. Während des Stillstandes der Vorschubeinheit fließt der von der Konstantpumpe geförderte Ölstrom über ein Filter in den Behälter zurück.

Bauelemente
0Z1 Behälter
0V1, 0V2 Rückschlagventil
0V3 Druckbegrenzungsventil
0M1 Motor
0P1 Konstantpumpe mit 1 Förderrichtung
0Z2 Filter
1V1 4/3-Wegeventil
1V2 2-Wegestromregelventil
1V3 2/2-Wegeventil
1A1 Doppeltwirkender Zylinder
1S1, 1S2, 1S3 Signalaufnehmer für Weg

Bauglieder				Zu- stands- wert	Zeit in Sekunden 0			
Benennung	Kenn- zeichnen	Zustand	Einheit		Schritt 1	2	3	4=1
Spindelmotor	0M1	EIN 1 AUS 0						
Vorschub- zylinder	1A1	Vorschub 2 Eilgang 1 Ruhe 0						
4/3-Wegeventil	1V1	a 0 b						
2/2-Wegeventil für Umgehung	1V3	a b						

Name: Klasse: Datum:

9 Schaltungsunterlagen
Aufgabe 5

5 Elektrotechnik

Zeichnen Sie zu den folgenden Beschreibungen den zugehörigen Stromlaufplan. Die Steuerungen werden mit 24 V Gleichspannung betrieben.

a) Das Relais K1 soll anziehen, wenn die Taster S1 UND S2 betätigt werden.

b) Das Relais K1 soll anziehen, wenn die Taster S1 ODER S2 betätigt werden.

c) Das Relais K1 soll abfallen, wenn der Taster S1 betätigt wird.

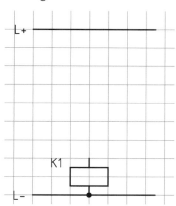
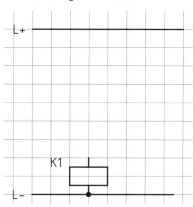
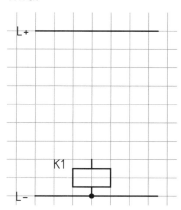

d) Das Relais K1 soll anziehen, wenn der Taster S1 (EIN) betätigt wird und so lange angezogen bleiben, bis der Taster S2 (AUS) betätigt wird.

e) Das Relais K1 soll durch den Taster S1 (EIN), das Relais K2 durch den Taster S2 (EIN) angesteuert werden. Beide Relais sollen sich selbst halten. Das Abschalten beider Relais erfolgt durch den Taster S0 (AUS). Ist eines der beiden Relais betätigt, so darf das andere nicht betätigt werden können.

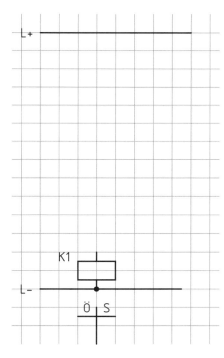
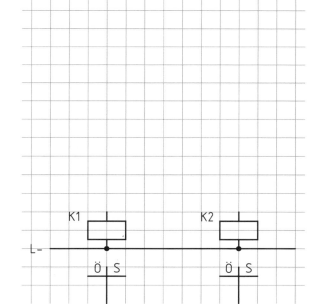

f) Tragen Sie die Bezeichnung dieser Schaltungsart ein.

g) Wie wird die gegenseitige Blockade der Relais genannt?

h) Nennen Sie den Verwendungszweck dieser Schaltungsart und geben Sie Beispiele an.

i) Nennen Sie den Verwendungszweck dieser Schaltungsart und geben Sie Beispiele an.

Blatt 66

9 Schaltungsunterlagen
Aufgabe 6

6 Funktionsplan und SPS-Programm

Zum Kleben von Kunststoff- oder Holzplatten soll eine pneumatische Klebepresse verwendet werden. Die zu verklebenden Teile sind unterschiedlich groß; sie ragen teilweise über den Pressentisch hinaus. Daher ist die Verwendung eines Schutzgitters nicht möglich.

Zur Sicherung des Bedienungspersonals darf der Zylinder 1A1 nur ausfahren, wenn gleichzeitig die Taster S1 UND S2 gedrückt werden. Wird einer der Taster losgelassen, so muss der Zylinder sofort wieder einfahren. Zum Aushärten des Klebstoffs muss der Pressenstempel nach Erreichen eines einstellbaren Pressendrucks so lange in der Presslage verbleiben, bis der Taster S3 betätigt wird.
Die Steuerung soll speicherprogrammiert (SPS) ausgeführt werden.

a) Ergänzen Sie die Zuordnungsliste.
b) Ergänzen Sie den Funktionsplan.
c) Ergänzen Sie das SPS-Programm in der Funktionsbausteinsprache (FBS).

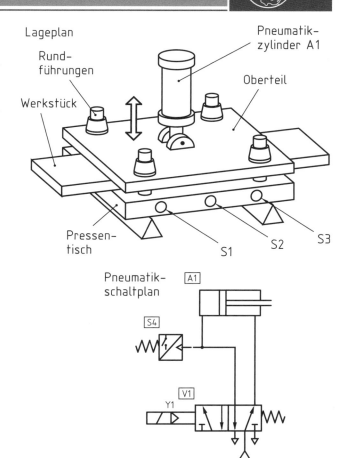

Zuordnungsliste für Klebepresse			
Kenn-ziffer	Bauteil Bezeichnung	Funktion	SPS Eingang Ausgang
S1	Taster mit Schließer		
S2	Taster mit Schließer		
S3	Taster mit Schließer		
S4	Schließkontakt des Druckschalters		
Y1	Magnetventil 1V1		

Funktionsplan zur Klebepresse

SPS-Programm (FBS-Sprache)

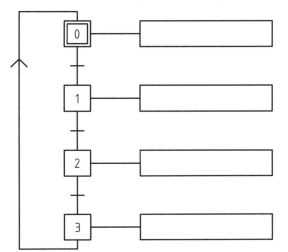

10 Schneckengetriebe, Prüfungseinheit
Übersicht, Stückliste

	Berufstheorie 1	
Prüfungsbereich:	Auftrags- und Funktionsanalyse	Fertigungstechnik
Richtzeiten:	60 Minuten	60 Minuten
Verlangt:	Es sind jeweils alle Aufgaben zu lösen	
Hilfsmittel:	Eingeführtes Tabellenbuch, eingeführte Formelsammlung, Taschenrechner, Zeichengeräte	
Hinweise:	Die Aufgaben sind durch Faktoren unterschiedlich gewichtet. Die Aufgaben eines Prüfungsbereiches in den Prüfungsblöcken Berufstheorie I und Berufstheorie II werden zusammen gewertet.	

Pos. Nr.	Menge/ Einheit	Benennung	Werkstoff/Norm-Kurzbezeichnung	Bemerkung
1	1	Gehäuse	EN-GJL-200	
2	1	Lagerflansch	10SPb20	
3	1	Lagerflansch	10SPb20	
4	1	Schneckenwelle $z_1 = 1$	16MnCr5	einsatzgehärtet
5	1	Welle	16MnCr5	einsatzgehärtet
6	1	Schneckenrad $z_2 = 30$	CuSn12-C	
7	1	Flansch		
8	1	Deckel	10SPb20	
9	1	Deckel	10SPb20	
10	2	Passscheibe	DIN 988-25×35×1,8	Dickenauswahl bei Montage
11	2	Passscheibe	DIN 988-56×72×1,5	Dickenauswahl bei Montage
12	2	O-Ring	DIN 3771-33,5×2,65	
13	2	O-Ring	DIN 3771-63×3,55	
14	1	Wellendichtring	DIN 3760-AS15×30×7-NB	
15	1	Wellendichtring	DIN 3760-AS25×47×7-NB	
16	2	Sicherungsring	DIN 472-35×1,5 Federstahl	
17	2	Sicherungsring	DIN 472-72×2,5 Federstahl	
18	2	Schrägkugellager	DIN 628-7202B	
19	2	Rillenkugellager	DIN 625-6007	
20	6	Zylinderschraube	ISO 4762-M4×10-8.8	
21	4	Zylinderschraube	ISO 4762-M6×25-8.8	
22	1	Passfeder	DIN 6885-A-10×8×28	
23	1	Passfeder	DIN 6885-A-6×6×28	
24	1	Passfeder	DIN 6885-A-5×5×18	
25	2	Verschlussschraube	DIN 910-M12×1,5-St	gekürzt $l = 9$
26	2	Dichtring	DIN 7603-12×17×1,5 Kupfer	
27	0,6 l	Getriebeöl	DIN 8659-CGL460	

10 Schneckengetriebe, Prüfungseinheit
Gesamtzeichnung

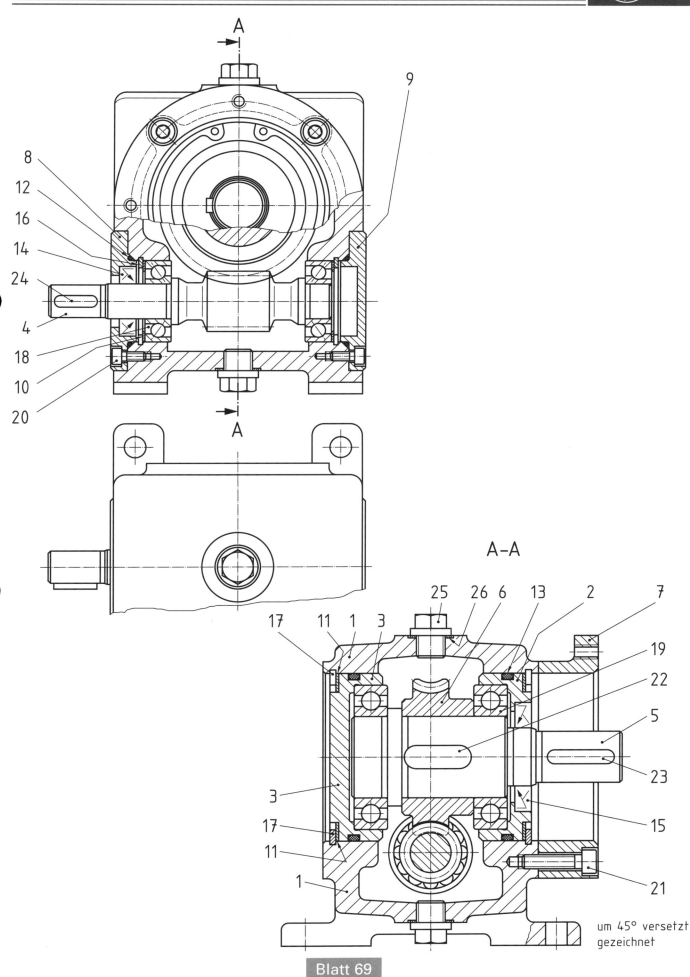

um 45° versetzt gezeichnet

Blatt 69

Name: Klasse: Datum:

10 Schneckengetriebe, Prüfungseinheit
Auftrags- und Funktionsanalyse

Prüfungsbereich:	Auftrags- und Funktionsanalyse
Richtzeit:	60 Minuten
Arbeitsauftrag:	Das Schneckengetriebe (Gesamtzeichnung Blatt 69) soll in Serie gefertigt und montiert werden.
	Für die fachgerechte Montage, ist die Analyse der technischen Unterlagen erforderlich.

AFA 1	Gesamtzeichnung analysieren	Faktor 3

1.1 Beschreiben Sie stichwortartig die Gesamtfunktion des Schneckengetriebes.

___

1.2 Übersetzung berechnen
 a) Wie groß ist das Übersetzungsverhältnis des Schneckengetriebes?
 b) Berechnen Sie die erforderliche Umdrehungsfrequenz n_1 der Schneckenwelle (Pos. 4) in min^{-1}, damit die Umdrehungsfrequenz n_2 der Welle (Pos. 5) 50 min^{-1} beträgt.

1.3 Werkstoffauswahl
 a) Welcher Werkstoff ist für den Flansch (Pos. 7) in Serienfertigung sinnvoll?
 b) Nennen Sie drei Gründe für Ihre Werkstoffwahl.
 c) Erläutern Sie die Werkstoffbezeichnung des Schneckenrades (Pos.6).

a) ___

b) ___

c) ___

Blatt 70

10 Schneckengetriebe, Prüfungseinheit
Auftrags- und Funktionsanalyse

1.4 Funktion von Bauteilen
a) Wozu dient die Passscheibe (Pos. 10)?
b) Wozu dienen die Passscheiben (Pos. 11)?
c) Erläutern Sie die sinnbildliche Darstellung der Pos. 15.
d) Listen Sie alle Positions-Nummern der Bauteile auf, mit denen das Schneckengetriebe abgedichtet wird.

a) _____
b) _____
c) _____
d) _____

AFA 2	Gewählte Fügetechniken auswerten	Faktor 3

2.1 Das Schneckenrad (Pos. 6) ist durch die Passfeder (Pos. 22) mit der Welle (Pos. 5) verbunden.
a) Ordnen Sie die Verbindung den Kriterien lösbar – unlösbar und kraftschlüssig – formschlüssig zu.
b) Wie wird das Schneckenrad in axialer Richtung auf der Welle gesichert?
c) Nennen Sie zwei weitere Möglichkeiten der Befestigung des Schneckenrades auf der Welle.
d) Aus welchen Gründen (3) wird das Schneckenrad nicht zusammen mit der Welle aus einem Stück gefertigt?

a) _____
b) _____
c) _____
d) _____

2.2 Passung berechnen
Für das Fügen des Schneckenrades (Pos. 6) auf der Welle (Pos. 5) ist folgende Passung vorgesehen: H7/j6.
Tragen Sie die Werte für diese Passung in die Tabelle ein.

	Höchstmaß	Mindestmaß	Toleranz
Bohrung ⌀35H7			
Welle ⌀35j6			
Höchstübermaß			
Höchstspiel			

Blatt 71

10 Schneckengetriebe, Prüfungseinheit
Auftrags- und Funktionsanalyse

2.3 Festigkeitswerte bei Schrauben bestimmen

Die Zylinderschrauben (Pos. 20) werden beim Montieren hauptsächlich auf Zug beansprucht.
a) Ermitteln Sie die Streckgrenze R_e des Schraubenwerkstoffes.
b) Bestimmen Sie den Spannungsquerschnitt des Schraubengewindes.
c) Welche Vorspannkraft kann die Zylinderschraube (Pos. 20) als Schraubenlängskraft ertragen, ohne dass sie sich bleibend verformt?

| AFA 3 | Montage des Schneckengetriebes | Faktor 3 |

3.1 Ergänzen Sie den grafischen Montageplan des Schneckengetriebes für den Bereich der Schneckenwellenlagerung.

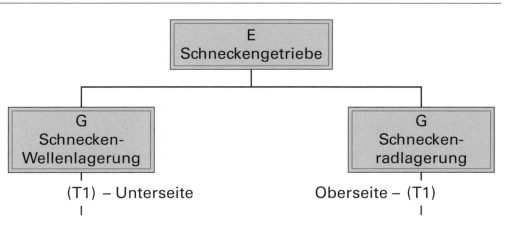

10 Schneckengetriebe, Prüfungseinheit
Auftrags- und Funktionsanalyse, Fertigungstechnik

3.2 Beschreiben Sie die Montage der Schneckenwellenlagerung entsprechend dem grafischen Montageplan stichwortartig als formloser Montageplan.

___

Prüfungsbereich:	Fertigungstechnik
Richtzeit:	60 Minuten
Arbeitsauftrag:	Vor der Serienfertigung ist ein Prototyp zu herzustellen.

FT 1	Schneckenwelle (Pos. 4) herstellen	Faktor 3

1.1 Teilzeichnung vervollständigen
a) Vervollständigen Sie die verkleinerte Teilzeichnung der Schneckenwelle mit handschriftlichen Ergänzungen in folgenden Punkten:
- Wellendurchmesser, Oberflächenangabe und Kantenzustand für die Lauffläche des Wellendichtrings
- Bemaßung der Passfedernut (Schnitt A-A)
- Vereinfachte Bemaßung der Freistiche und der Zentrierbohrungen

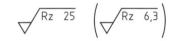

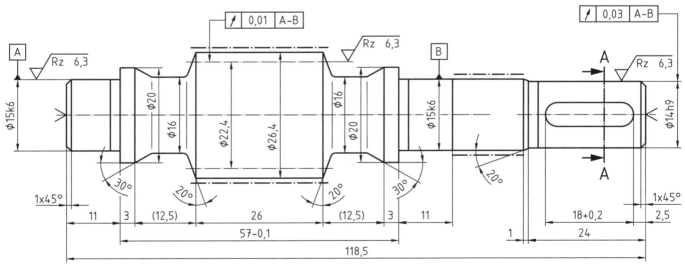

Blatt 73

10 Schneckengetriebe, Prüfungseinheit
Fertigungstechnik

1.1 Teilzeichnung vervollständigen (Fortsetzung von Blatt 73)
  b) Erläutern Sie die eingetragenen Form- und Lagetoleranzen in der Teilzeichnung.

b) _____
_____
_____
_____
_____

1.2 Fertigung planen
Zur Herstellung der Schneckenwelle (Pos. 4) sind folgende Fertigungsverfahren notwendig: Einsatzhärten, Schleifen, Fräsen (Verzahnung), Fräsen (Passfedernut), Anlassen, Drehen, Zentrieren. Ordnen Sie diese Verfahren in der Reihenfolge der Herstellung.

_____
_____
_____

1.3 Die Schneckenwelle (Pos. 4) soll auf einer NC-Drehmaschine bearbeitet werden.
  a) In welchen Fällen werden beim CNC-Programmieren Unterprogramme verwendet?
  b) Weshalb werden in Unterprogrammen meist inkrementale Maßangaben verwendet?

a) _____
_____
_____

b) _____
_____
_____

1.4 Die Schneckenwelle (Pos. 4) wird einer Wärmebehandlung unterzogen.
  a) Aus welchem Grund muss die Schneckenwelle (Pos. 4) einsatzgehärtet werden?
  b) In welchen Arbeitsschritten (mit zugehörigen Temperaturen) erfolgt das Einsatzhärten?
  c) Beschreiben Sie zwei Maßnahmen, die es ermöglichen, dass der Wellenzapfen beim nachfolgenden Fräsen der Passfedernut trotz vorheriger Einsatzhärtung weich ist.

a) _____
_____
_____

b) _____
_____
_____

c) _____
_____
_____

Blatt 74

10 Schneckengetriebe, Prüfungseinheit
Fertigungstechnik

1.5 Härteprüfung durchführen

In der Teilzeichnung der Schneckenwelle (Pos. 4, Blatt 73) ist für den Bereich der Verzahnung folgende Zeichnungsangabe eingetragen: – · –   einsatzgehärtet und angelassen

58 + 4HRC CHD = 0,8 + 0,4

a) Erläutern Sie die damit verbundene Bauteilanforderung 58 + 4 HRC.
b) Erläutern Sie die damit verbundene Bauteilanforderung CHD = 0,8 + 0,4.
c) Nennen Sie zwei andere Prüfverfahren, mit denen diese Oberflächenhärte auch geprüft werden kann.

a) _____

b) _____

c) _____

FT 2	Welle (Pos. 5) herstellen	Faktor 2

2.1 Die Welle (Pos. 5) wird mit einer beschichteten Hartmetall-Wendeschneidplatte fertiggedreht.

a) Bestimmen Sie als Startwerte für das Längsrunddrehen die Schnittgeschwindigkeit v_c in m/min, den Vorschub f in mm und die Schnitttiefe a_p in mm.
b) Wie groß ist die erforderliche Schnittleistung beim Drehen?

2.2 Für die Drehbearbeitung der Welle (Pos. 5) wurde die Standzeit einer Hartmetallschneide auf 20 Minuten festgelegt. Schon nach fünf Minuten ändert sich die Spanform plötzlich von Wendelspanstücken auf Spanbruchstücke.

a) Erläutern Sie den Begriff „Standzeit" für den Bereich der Zerspanung.
b) Nennen Sie mindestens drei mögliche Ursachen für die Spanformänderung.

a) _____

b) _____

Blatt 75

10 Schneckengetriebe, Prüfungseinheit
Fertigungstechnik

| FT 3 | Flansch (Pos. 7) herstellen | Faktor 3 |

3.1 Teilansicht zeichnen
Erstellen Sie eine normgerechte Seitenansicht für den Flansch (Pos. 7) im Maßstab 1:1; Bemaßung ist nicht erforderlich.

7 Flansch

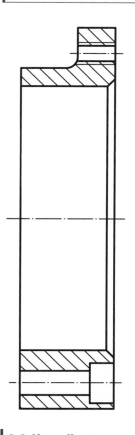

3.2 Koordinaten neu berechnen
Der Flansch (Pos. 7) soll auf einem Teilkreis $d = 90$ mm anstelle von vier Gewindebohrungen sechs Gewindebohrungen erhalten.
Bestimmen Sie die Koordinatenmaße bezogen auf ein X-Y-Koordinatensystem mit Nullpunkt im Lochkreismittelpunkt und tragen Sie die Werte in eine Koordinatentabelle ein.

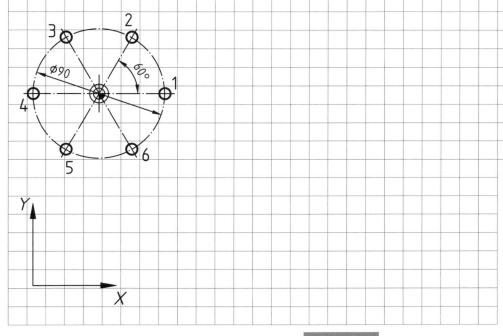

Punkt	X	Y
1	45	0
2	22,5	38,97
3	−22,5	38,97
4	−45	0
5	−22,5	−38,97
6	22,5	−38,97

Blatt 76

Name: Klasse: Datum:

11 Kegel-Stirnrädergetriebe, Prüfungseinheit
Übersicht, Stückliste

Berufstheorie I		Bearbeitungszeit: 120 Minuten	
Prüfungsbereich:	Auftrags- und Funktionsanalyse		Fertigungstechnik
Richtzeiten:	60 Minuten		60 Minuten
Verlangt:	Es sind jeweils alle Aufgaben zu lösen		
Hilfsmittel:	Eingeführtes Tabellenbuch, eingeführte Formelsammlung, Taschenrechner, Zeichengeräte		
Hinweise:	Die Aufgaben sind durch Faktoren unterschiedlich gewichtet. Die Aufgaben eines Prüfungsbereiches in den Prüfungsblöcken Berufstheorie I und Berufstheorie II werden zusammen gewertet.		

Pos. Nr.	Menge/ Einheit	Benennung	Werkstoff/ Norm-Kurzbezeichnung	Bemerkung/Hauptabmessungen in mm
1	1	Getriebegehäuse	EN-GJL-250	155×75×107
2	1	Abtriebswelle	C45E+QT	Ø43×143
3	1	Schrägstirnrad	16MnCr5	z = 72, m_n = 1,25 mm, β = 10° rechtssteigend, einsatzgehärtet
4	1	Passfeder	DIN 6885-B-10×8×22	
5	2	Kegelrollenlager	DIN 720-30207X	Ø35×Ø62×18
6	2	Passscheibensatz	DIN 988-62×50	Dickenwahl bei Montage, ≈ 0,5 mm
7	2	Lagerdeckel	11SMnPb30+U	Ø88×13,5
8	1	Verschlusskappe	S185	Ø52×8×1
9	2	O-Ring	60×1,8-N-NBR 70	(≈ DIN 3771) bezogen von ...
10	1	Radial-Wellendichtring	DIN 3760-AS35×52×8-NB	
11	16	Zylinderschraube	ISO 4762-M6×12-8.8	
12	1	Stirnradritzelwelle	16MnCr5	z = 15, m_n = 1,25 mm, β = 10° linkssteigend, einsatzgehärtet
13	1	Tellerrad	31CrMo12+QT	z = 36, m_n = 1,25 mm, bogenverzahnt, vergütet und nitriert
14	1	Passfeder	DIN 6885-B-6×6×18	
15	2	Kegelrollenlager	DIN 720-30203	Ø17×Ø40×13,25
16	2	Lagerdeckel	11SMnPb30+U	Ø72×13,5
17	2	Passscheibensatz	DIN 988-40×28	Dickenwahl bei Montage, ≈ 0,5 mm
18	2	O-Ring	40×1,8-N-NBR 70	(≈ DIN 3771) bezogen von ...
19	1	Antriebsgehäuse	11SMnPb30+U	Ø104×60,5
20	1	Antriebswelle	C45E+QT	Ø30×96
21	1	Kegelradritzel	31CrMo12+QT	z = 6, m_n = 1,25 mm, bogenverzahnt, vergütet und nitriert
22	2	Schrägkugellager	DIN 628-7205B	
23	1	Nutmutter	DIN 981-KM5	
24	1	Sicherungsblech	DIN 5406-MB5	
25	1	Sicherungsring	DIN 472-52×2	
26	1	Radial-Wellendichtring	DIN 3760-AS22×52×8	Sonderanfertigung
27	1	Abstimmscheibe	E295	Dickenwahl bei Montage, ≈ 0,5 mm
28	1	O-Ring	DIN 3771-53×3,55-NBR70	
29	4	Zylinderschraube	ISO 4762-M5×10-8.8	
30	1	Getriebedeckel	EN AC AlSi6Cu4DF	155×75×6
31	1	Deckeldichtung	PTFE	155×75×0,5
32	6	Zylinderschraube	DIN 7984-M5×10-8.8	
33	1	Passfeder	DIN 6885-A-4×4×25	
34	1	Passfeder	DIN 6885-A-8×7×40	

11 Kegel-Stirnrädergetriebe, Prüfungseinheit
Gesamtzeichnung

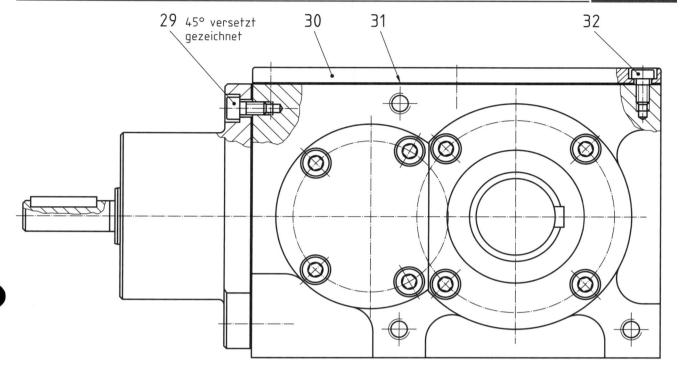

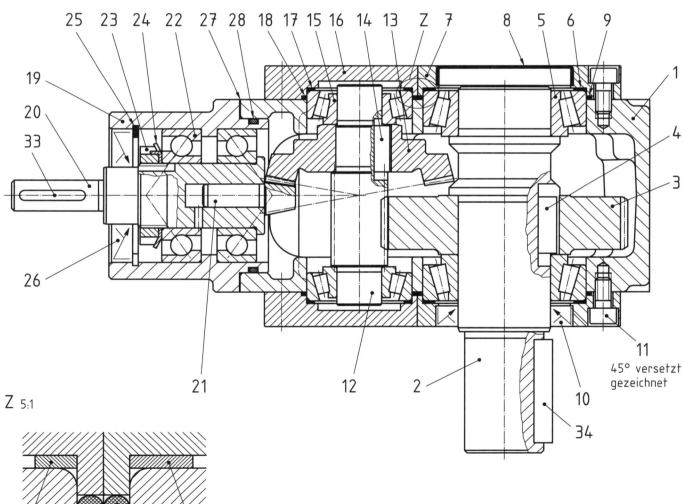

Z 5:1

Blatt 78

11 Kegel-Stirnrädergetriebe, Prüfungseinheit
Auftrags- und Funktionsanalyse

Prüfungsbereich:	Auftrags- und Funktionsanalyse
Richtzeit:	60 Minuten
Arbeitsauftrag:	Die Serienmontage der Kegel-Stirnrädergetriebe muss erweitert werden.

Für das Kegel-Stirnrädergetriebe (Blatt 77 und 78) ergibt sich eine zusätzliche Anwendung in einem neuen Antriebsstrang. Die vorhandene Wellen-Antriebsgruppe muss hierzu durch die in Bild 1 dargestellte Flansch-Antriebsgruppe ersetzt werden.

Da auch die bisherige Anwendung weiterläuft, wird die Serienmontage der Getriebe zukünftig in größerer Stückzahl und wahlweise mit den zwei verschiedenen Antriebsvarianten erfolgen.

AFA 1	Einarbeitung neuer Mitarbeiter	Faktor 2

Um das vergrößerte Auftragsvolumen montieren zu können, müssen sich weitere Mitarbeiter in die Funktion und Montage der Kegel-Stirnrädergetriebe einarbeiten.

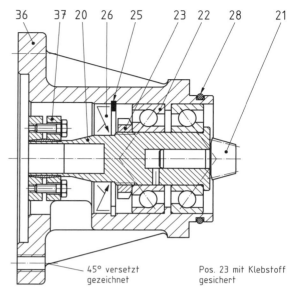

Bild 1: Flansch-Antriebsgruppe

1.1 Drehrichtung ermitteln
Zeichnen Sie in Bild 2 zu der vorgegebenen Drehrichtung des Kegelradritzels die Drehrichtung der Abtriebswelle ein.

1.2 Berechnen Sie für das Kegel-Stirnrädergetriebe die Teilübersetzung und die Gesamtübersetzung.

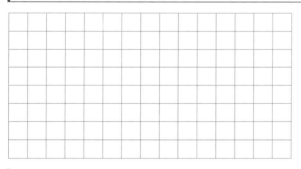

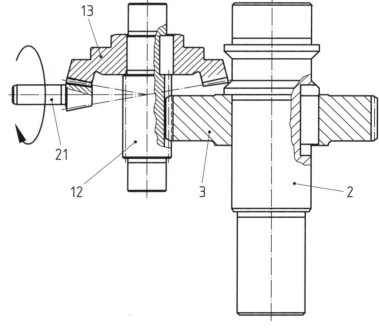

1.3 Wie groß ist die Abtriebsdrehzahl des Getriebes, wenn die Antriebsdrehzahl 1450/min beträgt?

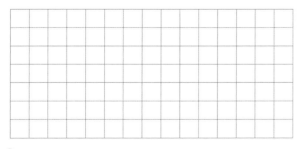

Bild 2: Veranschaulichen der Drehrichtung

1.4 Funktionen von Bauteilen analysieren
Bei der Einstellung des Flankenspiels und des Tragbildes von Kegelrädern muss die Axiallage beider Räder verstellbar sein.
a) Wie kann das Kegelradritzel Pos. 21 in Richtung Tellerrad verstellt werden?
b) Wie kann das Tellerrad Pos. 13 in Richtung Kegelradritzel verstellt werden?

a) _____

b) _____

11 Kegel-Stirnrädergetriebe, Prüfungseinheit
Auftrags- und Funktionsanalyse

1.4 Funktionen von Bauteilen analysieren (Fortsetzung von Blatt 79)
c) Welche Aufgabe hat Pos. 6?
d) Welche Folgen hätte es, wenn beide Lager Pos. 22 in gleicher Richtung eingebaut würden?

c) _____

d) _____

| AFA 2 | Umbau eines Prototypen planen | Faktor 2 |

Um die neue Antriebsvariante demonstrieren zu können, soll ein bisheriges Kegel-Strinrädergetriebe ummontiert werden.

2.1 Für die Getriebevariante mit der Flansch-Antriebsgruppe (Bild 1, Blatt 79) sind die erforderlichen Bauteile bereit zu stellen. Benennen Sie die erforderlichen Bauteile in der vorbereiteten Ergänzungsstückliste.

Pos. Nr.	Menge/ Einheit	Benennung	Werkstoff/ Norm-Kurzbezeichnung	Bemerkung
20	1		C45E+QT	⌀30×84
21	1		15CrMoV5-9	$z = 6$, $m_n = 1{,}25$ mm, bogenverzahnt, vergütet und nitriert
22	2		DIN 628-7205B	
23	1		DIN 981-KM5	mit Klebstoff gesichert
25	1		DIN 472-52×2	
26	1		AS-22×52×8	(≈ DIN 3760) bezogen von ...
28	1		DIN 3771-53×3,55-NRB70	
36	1		EN-GJL-300	⌀120×90,5
37	1		RfN 4051-22	bezogen von ...

2.2 Erstellen Sie einen Arbeitsplan für das Auswechseln der Baugruppen

Arbeitsplan für Baugruppenwechsel		
Nr.	Arbeitsschritt	Werkzeug, Hilfsmittel

2.3 Welche Aufgabe hat Pos. 37 in der Flansch-Antriebsgruppe?

_____

11 Kegel-Stirnrädergetriebe, Prüfungseinheit
Auftrags- und Funktionsanalyse

2.4 Sicherung der Wellenmutter bewerten
In der Abbildung der Flanschbaugruppe (Blatt 79) ist für Pos. 23 angegeben: mit Klebstoff gesichert. Nennen Sie mindestens zwei Vorteile dieser Sicherungsart gegenüber der Sicherung mit einem Sicherungsblech.

AFA 3	Fügetechnik für Flansch-Antriebsgruppe analysieren und planen	Faktor 1

Die Antriebswelle Pos. 20 und das Kegelradritzel Pos. 21 werden durch eine Übermaßpassung gefügt.

3.1 Wie lässt sich der erforderliche hohe Temperaturunterschied von über 300 °C ohne Gefügeänderung erreichen?

3.2 Berechnen Sie das Höchst- und Mindestübermaß, wenn die Bohrung das Maß ø9H7 und die Welle das Maß ø9+0,045/+0,035 haben.

3.3 Zum Fügen wird Pos. 20 auf 170 °C erwärmt, Pos. 21 auf – 160 °C abgekühlt. Wie groß ist der Maßunterschied in diesem Moment, wenn bei 20 °C die Bohrung das Istmaß ø9,007 mm und die Welle das Istmaß ø9,040 mm haben?

3.4 Konturelemente der Antriebswelle Pos. 20 analysieren.
   a) Welchen Zweck hat die Querbohrung in Pos. 20?
   b) Das Gewinde auf Pos. 20 hat die Bezeichnung M25x1,5. Erläutern Sie diese Bezeichnung.
   c) Begründen Sie, warum dieses Gewinde verwendet wird.

a)

b)

c)

Blatt 81

11 Kegel-Stirnrädergetriebe, Prüfungseinheit
Auftrags- und Funktionsanalyse

| AFA 4 | Lagerauswahl und -anordnung des Getriebes bewerten | Faktor 1 |

4.1 Welche Vorteile haben die Lager Pos. 22 gegenüber Rillenkugellagern?

4.2 Welche Vorteile haben die Lager Pos. 5 und Pos. 15 gegenüber Schrägkugellagern?

4.3 Zeichnen Sie die Wälzlager für die Antriebswelle Pos. 20 und Stirnradritzelwelle Pos. 12 in detaillierter vereinfachter Darstellung ein.
  a) Zeichnen Sie mit einem Farbstift den ungefähren Verlauf der Drucklinien für die Lageranordnungen ein.
  b) Benennen Sie die jeweilige Anordnung und geben Sie stichwortartig deren Vorteile an.

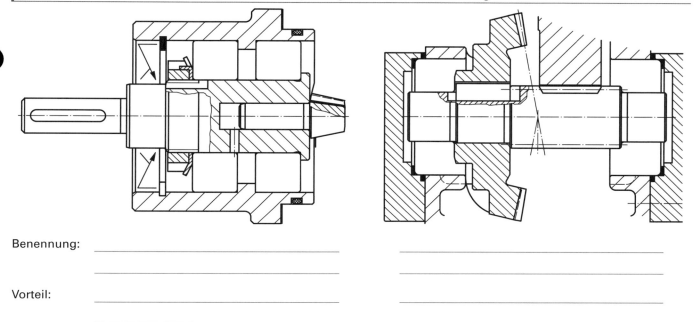

Benennung:

Vorteil:

| AFA 5 | Verzahnung des Getriebes analysieren | Faktor 1 |

5.1 Welche Verzahnungsart haben die Stirnräder Pos. 3 und Pos. 12?

5.2 Welche Vorteile und welchen Nachteil hat die Verzahnungsart der Pos. 3 und 12?

| AFA 6 | Weitere Umbauvarianten des Getriebes planen | Faktor 1 |

Das Getriebe soll so umgebaut werden, dass sich die Abtriebswelle (Pos. 2) auf der anderen Getriebeseite befindet.
Schildern Sie kurz die erforderlichen Maßnahmen.

Blatt 82

| Name: | Klasse: | Datum: |

11 Kegel-Stirnrädergetriebe, Prüfungseinheit
Fertigungstechnik

Prüfungsbereich:	Fertigungstechnik
Richtzeit:	60 Minuten
Arbeitsauftrag:	Die Antriebswelle Pos. 20 ist als Ersatzteil herzustellen.

Ein Kunde hat eine Funktionsstörung bei seinem Kegel-Stirnrädergetriebe festgestellt und das Getriebe zur Reparatur geschickt. Als Ursache der Funktionsstörung wird festgestellt, dass sich das Kegelradritzel Pos. 21 gegenüber der Antriebswelle Pos. 20 verdreht. Die weitere Fehleranalyse ergibt, dass die Antriebswelle mit dem falschen Passmaß gefertigt wurde, weshalb ein Ersatzteil gefertigt werden muss.

| FT 1 | Werkstoffbezeichnung analysieren | Faktor 1 |

1.1 Erläutern Sie die Werkstoffbezeichnung der Antriebswelle Pos. 20.

1.2 Aus welchen Gründen werden Stähle vergütet?

1.3 Erläutern Sie den Arbeitsvorgang des Vergütens.

1.4 Stellen Sie das Werkstoffverhalten beim Zugversuch im normalgeglühten (+N) und im vergüteten (+QT) Zustand qualitativ dar und geben Sie ungefähre Werte für Mindestzugfestigkeit, Streckgrenze und Bruchdehnung an.

| FT 2 | Rohteilmasse bestimmen | Faktor 1 |

Die Antriebswelle Pos. 2 soll laut Stückliste aus einem Rundstahl ø45x150 gefertigt werden. Berechnen Sie die Masse des Rohteils in kg.

Blatt 83

11 Kegel-Stirnrädergetriebe, Prüfungseinheit
Fertigungstechnik

FT 3 — Einzelteilzeichnung der Antriebswelle lesen und ergänzen — Faktor 1

3.1 Erläutern Sie die Zeichnungseintragungen aus der unmaßstäblichen Teilzeichnung der Antriebswelle Pos. 20.
   a) ISO 6411-A2,5/5,3
   b) Lagetoleranz des Durchmessers 12j6
   c) Lagetoleranz am Bund ø30
   d) Die Sammelangabe für die Kantenzustände.

a) _____

b) _____

c) _____

d) _____

3.2 Vervollständigen Sie den Zeichnungseintrag in der Teilzeichnung in folgenden Bereichen:
Freistiche, Nuten, Aufnahmedurchmesser im Bereich der Wälzlager (hohe Belastung) und Oberflächenangabe bei x und y.

20 Antriebswelle C45E+QT

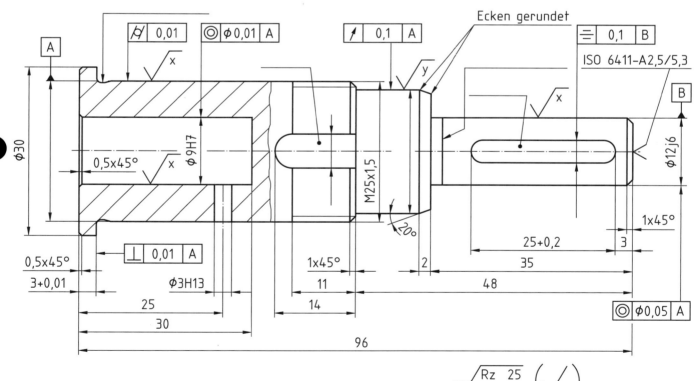

Name: Klasse: Datum:

11 Kegel-Stirnrädergetriebe, Prüfungseinheit
Fertigungstechnik

| FT 4 | Einzelteilfertigung der Antriebswelle planen | Faktor 3 |

4.1 Entwerfen Sie einen vereinfachten Arbeitsplan zur Herstellung der Antriebswelle auf einem modernen CNC-Drehzentrum mit angetriebenen Werkzeugen.

Arbeitsplan zur Fertigung der Antriebswelle Pos. 20		
Nr.	Arbeitsschritt	Werkzeug, Messgerät

4.2 Legen Sie einen geeigneten Schneidstoff für die Drehbearbeitung der Außenkontur fest und begründen Sie Ihre Auswahl.

Schneidstoff: _____

Begründung: _____

11 Kegel-Stirnrädergetriebe, Prüfungseinheit
Fertigungstechnik

4.3 Bestimmen Sie als Schnittwerte (Startwerte) die Schnittgeschwindigkeiten und Vorschübe für einige Bearbeitungsschritte der Antriebswelle Pos. 20.

Bearbeitungsschritt	Schneidstoff	Schnittgeschwindigkeit	Vorschub
Fertigdrehen Außenkontur	HSS		
	HM beschichtet		
Fräsen Passfedernuten	HSS beschichtet		
Vorbohren Innenkontur	HSS beschichtet		
Reiben Bohrung	HM		

| FT 5 | Drehbearbeitung der Antriebswelle durchführen | Faktor 1 |

Während der Drehbearbeitung der Antriebswelle stellen Sie Vibrationen am Werkstück bzw. Werkzeug fest.

5.1 Nennen Sie mögliche Maßnahmen (min. vier) um Abhilfe zu schaffen.

| FT 6 | Prozessverbesserung | Faktor 1 |

Um die Arbeitsprozesse in der Fertigung und Montage, sowie die Produkte zu verbessern, sind ständige Bemühungen notwendig.

6.1 Erläutern Sie stichwortartig die Begriffe „Innovation" und „KVP".

Innovation:

KVP:

6.2 Nennen Sie fünf Arten der Verschwendung in der Produktion mit je einem konkreten Beispiel.

Blatt 86

Tabellenanhang
Wälzlagermaße

Tabelle 1: Schrägkugellager
vgl. DIN 628 (1993-12)

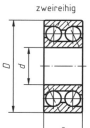

Lagerausführung Lagerreihen: 72 und 73 (einreihig), 32 und 33 (zweireihig)

d	Lagerreihe 72					Lagerreihe 73					Lagerreihe 32 (zweireihig)					Lagerreihe 33 (zweireihig)				
	D	B	r max	h min	Basis-zeichen	D	B	r max	h min	Basis-zeichen	D	B	r max	h min	Basis-zeichen	D	B	r max	h min	Basis-zeichen
10	30	9	0,6	2	7200B	–	–	–	–	–	30	14	0,6	2	3200	–	–	–	–	–
12	32	10	0,6	2	7201B	37	12	1	3	7301B	32	15,9	0,6	2	3201	–	–	–	–	–
15	35	11	0,6	2	7202B	42	13	1	3	7302B	35	15,9	0,6	2	3202	42	19	1	3	3302
17	40	12	0,6	2	7203B	47	14	1	3	7303B	40	17,5	0,6	2	3203	47	22,2	1	3	3303
20	47	14	1	3	7204B	52	15	1	3,5	7304B	47	20,6	1	3	3204	52	22,2	1	3,5	3304
25	52	15	1	3	7205B	62	17	1	3,5	7305B	52	20,6	1	3	3205	62	25,4	1	3,5	3305
30	62	16	1	3	7206B	72	19	1	3,5	7306B	62	23,8	1	3	3206	72	30,2	1	3,5	3306
35	72	17	1	3,5	7207B	80	21	1,5	4,5	7307B	72	27	1	3,5	3207	80	34,9	1,5	4,5	3307
40	80	18	1	3,5	7208B	90	23	1,5	4,5	7308B	80	30,2	1	3,5	3208	90	36,5	1,5	4,5	3308
45	85	19	1	3,5	7209B	100	25	1,5	4,5	7309B	85	30,2	1	3,5	3209	100	39,7	1,5	4,5	3309
50	90	20	1	3,5	7210B	110	27	2	5,5	7310B	90	30,2	1	3,5	3210	110	44,4	2	5,5	3310
55	100	21	1,5	4,5	7211B	120	29	2	5,5	7311B	100	33,3	1,5	4,5	3211	120	49,2	2	5,5	3311
60	110	22	1,5	4,5	7212B	130	31	2,1	6	7312B	110	36,5	1,5	4,5	3212	130	54	2,1	6	3312
65	120	23	1,5	4,5	7213B	140	33	2,1	6	7313B	120	38,1	1,5	4,5	3213	140	58,7	2,1	6	3313
70	125	24	1,5	4,5	7214B	150	35	2,1	6	7314B	125	39,7	1,5	4,5	3214	150	63,5	2,1	6	3314
75	130	25	1,5	4,5	7215B	160	37	2,1	6	7315B	130	41,3	1,5	4,5	3215	160	68,3	2,1	6	3315

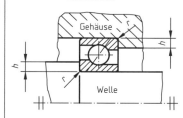

Einbaumaße

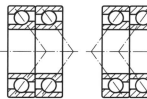
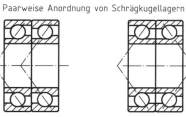

Paarweise Anordnung von Schrägkugellagern: Tandem-Anordnungen, O-Anordnung, X-Anordnung

Tabelle 2: Nadellager
vgl. DIN 617 (1993-01) und Herstellerangaben

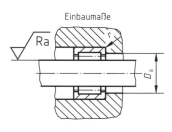

ohne Innenring / mit Innenring / Einbaumaße

Nadellager ohne Innenring										Nadellager mit Innenring					
F_w	D	C	Gehäuse		Anschlussmaße Welle					d	D	B	r max	D_a max	Kurzzeichen
			r max	D_a max	Toleranzklasse bei Lagerluft			Mittenrauwert R_a in µm bei							
					klein	normal	groß	k5, h5	g6						
															Kurzzeichen
6	10	10, 12	0,1	8,8						5	15	12, 16	0,3	13	NKI5/12, NKI5/16
															NK5/10, NK5/12
8	15	12, 16	0,3	13						7	17	12, 16	0,3	14	NKI7/12, NKI7/16
															NK8/12, NK8/16
10	17	12, 16	0,3	17						10	22	20, 13	0,3	20	NKI10/20, NA4900
															NK10/12, NK10/16
15	23	16, 20	0,3	21						15	28	16, 20, 13, 23	0,3	26	NKI15/16, NKI15/20, NA4902, NA6902
															NK15/16, NK15/20
17	25	16, 20	0,3	23	k5	h5	g6	0,4	0,8						NK17/16, NK17/20
20	28	16, 20, 13, 23	0,3	26						20	32, 32, 37, 37	16, 20, 17, 30	0,3	30, 30, 35, 35	NKI20/16, NKI20/20, NA4904, NA6904
															NK20/16, NK20/20, RNA4902, RNA6902
25	30	16, 20, 17, 30	0,3	31, 31, 35, 35						25	38, 38, 42, 42	20, 30, 17, 30	0,3	27	NKI25/20, NKI25/30, NA4905, NA6905
															NK25/16, NK25/20, RNA4904, RNA6904

Tabelle 3: Toleranzen für Wälzlager
vgl. DIN 620 (1988-02)

Radiallager (ohne Kegelrollenlager)												Axiallager							
d		Innenring Abmaße für d bei					Lagerbreite B	Außenring Abmaße für D bei						Wellenscheibe		Gehäusescheibe		Lagerhöhe	
		Normaltoleranz		Toleranzklasse P6		Toleranzklasse P5		Abmaße	D	Normaltoleranz		Toleranzklasse P6		Toleranzklasse P5		d	Abmaße	D	Abmaße	T	Abmaße
über mm	bis mm	ES µm	EI µm	ES µm	EI µm	ES µm	EI µm	es µm	ei µm	über mm	bis mm	es µm	ei µm	es µm	ei µm	es µm	ei µm	über mm	bis mm	es µm	ei µm	über mm	bis mm	es µm	ei µm	über mm	bis mm	es µm	ei µm
2,5	10	0	–6	0	–7	0	–5	0	–120	6	18	0	–8	0	–7	0	–5	–	18	0	–8	18	30	0	–13	–	30	+20	–250
10	18	0	–8	0	–7	0	–5	0	–120	18	30	0	–9	0	–8	0	–6	18	30	0	–10	30	50	0	–16	30	50	+20	–250
18	30	0	–10	0	–8	0	–6	0	–120	30	50	0	–11	0	–9	0	–7	30	50	0	–12	50	80	0	–19	50	80	+20	–300
30	50	0	–12	0	–10	0	–8	0	–120	50	80	0	–13	0	–11	0	–9	50	80	0	–15	80	120	0	–22	80	120	+25	–300
50	80	0	–15	0	–12	0	–9	0	–150	80	120	0	–15	0	–13	0	–10	80	120	0	–20	120	180	0	–25	120	180	+30	–400
80	120	0	–20	0	–15	0	–10	0	–200	120	150	0	–18	0	–15	0	–11	120	180	0	–25	180	250	0	–30	180	250	+40	–400

Tabellenanhang
Bohrbuchsen, Flachkopfschrauben, Spannbuchsen

Schnellwechselbuchsen Form K

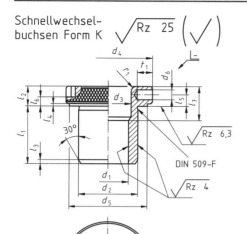

Form K für rechtsschneidende Werkzeuge
Form KL für linksschneidende Werkzeuge

Auswechselbuchsen Form L

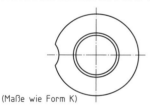

(Maße wie Form K)

Anwendungsbeispiele

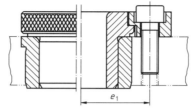

Bild 1: Schnellwechselbuchse Form K mit Bohrbuchse DIN 172 (links) oder Bohrbuchse DIN 179 (rechts), Spannbuchse und Zylinderschraube DIN ISO 4762-10.9

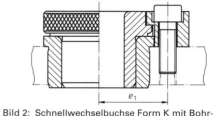

Bild 2: Schnellwechselbuchse Form K mit Bohrbuchse DIN 172, Spannbuchse und Zylinderschraube DIN ISO 4762-10.9

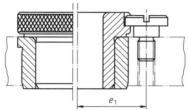

Bild 3: Auswechselbuchse Form L mit Bohrbuchse DIN 172 (links) oder Bohrbuchse DIN 179 (rechts), und Flachkopfschraube

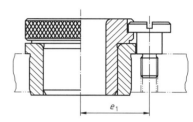

Bild 4: Auswechselbuchse Form L mit Bohrbuchse DIN 172 und Flachkopfschraube

Flachkopfschrauben

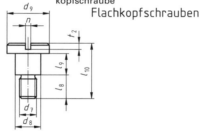

Spannbuchsen

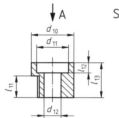

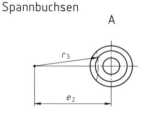

Tabelle 1: Steckbohrbuchsen: Schnellwechselbuchsen Form K, Form KL und Auswechselbuchsen L
vgl. DIN 173-1 (1992-11); Normblatt zurückgezogen

d_1 F7		d_2	l_1			l_2	l_3	l_4 0 −0,25	l_6 0 −0,2	Stufenbohrung l_7		d_3	d_4	d_5 0 −0,25	e_1	r_1	r_2	α	Stiftbohrung[1] d_6		
über	bis	m6	kurz	mittel	lang					mittel	lang								H7	l_5	t_1
−	4	8	10	16	−	8	1,25	1	3	6	−	4,5	15	12	11,5	1,5	7	65°	2,5	4,25	4
4	6	10	12	20	25	8	1,5	1	3	8	13	6,5	18	15	13	2	7	65°	2,5	4,25	4
6	8	12	12	20	25	10	1,5	1	4	8	13	8,5	22	18	16,5	2	8,5	60°	3	6	4
8	10	15	16	28	36	10	1,5	1	4	12	20	11	26	22	18	2	8,5	50°	3	6	5
10	12	18	16	28	36	10	1,5	1	4	12	20	13	30	26	20	2	8,5	50°	3	6	6
12	15	22	20	36	45	12	2,5	1	5,5	16	25	16	34	30	23,5	3	10,5	35°	5	7	7
15	18	26	20	36	45	12	2,5	1	5,5	16	25	19	39	35	26	3	10,5	35°	5	7	8
18	22	30	25	45	56	12	2,5	1	5,5	20	31	23	46	42	29,5	3	10,5	30°	5	7	8
22	26	35	25	45	56	12	2,5	1,5	5,5	20	31	27	52	46	32,5	3	10,5	30°	6	7	9
26	30	42	30	56	67	12	3	1,5	5,5	20	37	31	59	53	36	3	10,5	30°	6	7	10
30	35	48	30	56	67	16	3	2	7	26	37	36	66	60	41,5	3	12,5	30°	6	9	12
35	42	55	30	56	67	16	3	2	7	26	37	43	74	68	45,5	3,5	12,5	25°	6	9	12
42	48	62	35	67	78	16	3	2	7	32	43	50	82	76	49	3,5	12,5	25°	8	8	14
48	55	70	35	67	78	16	3	2	7	32	43	57	90	84	53	3,5	12,5	25°	8	8	14

Bezeichnung einer Steckbohrbuchse Form *K* mit d_1 = 16,5 mm, d_2 = 26 mm und l_1 = 36 mm: **Bohrbuchse DIN 173-K 16x26x36**
[1] Stiftsicherung wegen Unfallgefahr möglichst vermeiden. Zu verwenden ist eine Spannbuchse mit Schraube DIN ISO 4762 Festigkeitsklasse 10.9

Tabelle 2: Flachkopfschrauben vgl. DIN 173-1 (1992-11); Normblatt zurückgezogen

d_7	Bohrbuchsen d_1		Anwendung nach Bild 3		Bild 4		d_8	d_9	l_8	n	t_2
	über	bis	l_9	l_{10}	l_9	l_{10}					
M5	−	6	3	15	6	18	7,5	13	9	1,6	2
M6	6	12	4	18	8	22	9,5	16	10	2	2,5
M8	12	30	5,5	22	10,5	27	12	20	11,5	2,5	3
M10	30	85	7	32	13	38	15	24	18,5	2,5	3

Bezeichnung einer Flachkopfschraube mit d_7 = M6 und l_9 = 8mm:
Schraube DIN 173-M6x8

Tabelle 3: Spannbuchsen vgl. DIN 173-1 (1992-11); Normblatt zurückgezogen

d_{12}	Bohrbuchsen d_1		Anwendung nach Bild 1		Bild 2		d_{10}	d_{11}	l_{12}	r_3	e_2	Zylinderschraube
	über	bis	l_{11}	l_{13}	l_{11}	l_{13}						
5,1	−	6	3	8	6	11	13	10	4	9,5	13,2	M5×16
6,1	6	12	4	10	8	14	16	12	5	15	19,7	M6×20
8,1	12	30	5,5	12	10,5	17	20	15	5	30	36,2	M8×25
10	30	85	7	16	13	22	24	18	7	80	87,5	M10×30

Bezeichnung einer Spannbuchse mit d_{12} = 8,1 mm und l_{13} = 17 mm:
Schraube DIN 173-8,1x17

Blatt 88

Allgemeintoleranzen		Datum	Name	Benennung		
ISO 2768-	Bearbeiter					
	Prüfer			Schule	Klasse	
M :	Werkstoff				Blatt	

	Datum	Name	Benennung		
Bearbeiter				Klasse	
Prüfer			Schule		
M :		Werkstoff		Blatt	

Allgemeintoleranzen
ISO 2768-

EUROPA-LEHRMITTEL

Nachdruck, auch auszugsweise, nur mit Genehmigung des Verlages.
Copyright 2015 by Europa-Lehrmittel